评茶与检验

欧时昌　黄燕群　主编

中国农业大学出版社
·北京·

内 容 简 介

　　《评茶与检验》的编写目的是使学生掌握茶叶审评与检验技术的基础理论、基本知识和基本技能,能将所学知识和技能运用于今后的实际工作中。

　　《评茶与检验》共 5 章,内容包括评茶基础知识、茶叶品质形成及特征、茶叶标准、茶叶感官审评、茶叶物理和化学检验。本教材内容简明扼要,文字精练易懂,理论联系实际,力求反映茶叶审评与检验技术的科学性、先进性和实用性,突出理论知识的应用和对实践动手能力的培养。

　　本教材是为中职学生量身定做的教材,适用于种植类专业,亦可供茶叶生产加工技术、茶叶感官审评和茶叶产品检验等相关人员阅读,对农业院校相关专业的师生也有参考价值。

图书在版编目(CIP)数据

评茶与检验/欧时昌,黄燕群主编.—北京:中国农业大学出版社,2017.5

ISBN 978-7-5655-1808-9

Ⅰ.①评… Ⅱ.①欧…②黄… Ⅲ.①茶叶-食品感官评价 ②茶叶-食品感官检验 Ⅳ.①TS272.7

中国版本图书馆 CIP 数据核字(2017)第 094933 号

书　　名	评茶与检验
作　　者	欧时昌　黄燕群　主编

策划编辑	梁爱荣	责任编辑	洪重光　郑万萍
封面设计	郑　川	责任校对	王晓凤
出版发行	中国农业大学出版社		
社　　址	北京市海淀区圆明园西路 2 号	邮政编码	100193
电　　话	发行部 010-62818525,8625	读者服务部	010-62732336
	编辑部 010-62732617,2618	出 版 部	010-62733440
网　　址	http://www.cau.edu.cn/caup	E-mail	cbsszs@cau.edu.cn
经　　销	新华书店		
印　　刷	涿州市星河印刷有限公司		
版　　次	2017 年 6 月第 1 版　　2017 年 6 月第 1 次印刷		
规　　格	787×1 092　16 开本　11.25 印张　150 千字		
定　　价	29.00 元		

图书如有质量问题本社发行部负责调换

编 写 人 员

主　　编　欧时昌　黄燕群
副主编　陈森英　徐　谦　苏　恒
参　　编　易　卫　梁战锋　陈伯昌　陀明新

✿ 前 言

茶叶发源于中国,传播于世界。在我们的祖先发现和利用茶叶的五千年历史长河中,人们对茶叶的食用和鉴赏经历了吃茶、喝茶、品茶、艺茶四大阶段,并开始向多元化发展。目前全世界有几十亿人在饮茶。随着人们物质与文化生活需求的不断提高,学会怎样鉴别茶叶品质的优劣和掌握泡好一壶茶及品好一杯茶的技术与艺术,不仅是当今社会人们追求高品质生活的一种时尚,而且是茶叶生产者和营销者必须具备的基本技能。

本书从评茶的基础知识入手,主要分五章对茶叶的审评进行简要介绍。第一章为评茶基础知识,主要包括评茶的设备与要求、取样和用水,以及评茶的程序;第二章为茶叶品质形成及特征;第三章为茶叶标准,主要包括茶叶标准的基础知识、茶叶文字"标准",以及茶叶标准样;第四章为茶叶感官审评,首先介绍茶叶审评的项目和因子,接下来对绿茶、黄茶、黑茶、青茶(乌龙茶)、白茶、红茶以及再加工茶的审评方法进行简要介绍,最后介绍常用的评茶术语和评茶计分;第五章为茶叶物理和化学检验,其中还包括茶叶农药残留和重金属检验。本书内容简明扼要,覆盖面广,具有较强的实用性,方便广大读者进行阅读。

《评茶与检验》的编写目的是使学生掌握茶叶审评与检验技术的基础理论、基本知识和基本技能,能将所学知识和技能运用于今后的实际工作中。

本书在编写过程中,借鉴了一些学者、专家的宝贵经验,在此向他们表示诚挚的敬意。由于编者水平、时间和精力有限,书中难免会有不足之处,在此希望广大专家、读者给予指正,以便将来对本书进行补充修改,使之进一步完善。

编 者
2017 年 1 月

目 录 >>>

❊ 第一章　评茶基础知识

第一节　设备与要求

一、茶叶审评人员应具备的条件

茶叶感官审评对评茶人员的道德素质、业务水平、感官识别力和健康状况要求较高。从事茶叶品质审评的人员应具有评茶员国家职业资格证书，或具备茶学专业大专及以上文凭，并有多年从事茶叶生产和感官检验的工作经验。另外还要深入了解制茶工艺、茶机性能、产区特点、季别特征、市场情况和饮茶习惯等，这样才能正确地评定茶叶的品质。由于审评结果受评茶人员自身的感知水平影响较大，因此评茶人员要具备良好的身体素质，注意保持感官的灵敏度，平时要有意识地积累各种茶或非茶的香味感受，有计划地、长期地进行系统感官训练；工作前和工作中不得沾烟酒，不接触刺激性的物品。

职业规范：

(1)恪守审评工作规范和职业道德，做到科学客观、公平公正。

(2)摒弃个人喜好，根据不同茶类要求评定质量级别。

(3)严格遵循审评方法和流程进行操作，杜绝人为失误。

身体条件：

(1)身体内脏系统正常，无器质性疾病。

(2)感觉器官正常，无色盲、嗅盲、味盲等遗传性疾病。

二、茶叶感官审评室

茶叶感官审评室要处于一个地势干燥、环境清静、周围无异味污染的区域。室内要求空气清新，环境安静、整洁。在自然光的情况下，光线要充足、均匀，同时应避免阳光的直射。在评茶室内外，不能有红、黄、紫、蓝、绿等异色反光和遮断光线的障碍物。

评茶室宜背南朝北，窗口宽敞，在评茶台上方可以安装适宜的日光特制灯管，备作自然光使用。

评茶室内要防止受潮，在条件允许下可以使用空气抽湿机。评茶室讲究空气清新，因此评茶室不宜与食堂、卫生间等其他有较大气味的空间设施相距太近。评茶室内还要求安静，评茶员要注意力集中，以求审评结果准确。

三、评茶室的用具配置

1. 评茶台

评茶台分为干评台和湿评台。

干评台是评定茶叶外形的工作台，应靠北窗口放置。一般高 90 cm、宽 60 cm，长度按照实际需要而定，台面要漆成无反射光的黑色。

湿评台是评定茶叶内质的工作台，一般高 85 cm、宽 45 cm、长 150 cm，台面要漆成无反射光的乳白色，放置在干评台后方 1 m 左右的位置。

2. 评茶用具

评茶用具要求规格一致、成套使用。杯，用于冲泡茶汤和审评香气；碗，用于盛放茶汤，便于审评汤色和滋味。

（1）审评杯碗　杯为白瓷圆柱形，有把、有杯盖，杯盖上有一小孔，在杯柄对面杯口上有齿形或弧形的小缺口，方便滤出茶汤。审评杯容量为 150 mL，审评毛茶有时亦用容水量为 200 mL 的审评杯。碗一般为广口白瓷碗，容量约为 200 mL。此套审评杯碗，多见于审评红茶、绿茶、黄茶、白茶。

（2）乌龙茶审评碗　审评乌龙茶时用钟形带盖的白瓷盏，容水量为 100 mL，审评碗容量为 110 mL。

3. 辅助用具

（1）样茶盘　用于盛放茶样，便于取样和审评干茶外形。式样可为长方形或正方形，白色，用无异味的材料制成，茶叶盛装量为 150～200 g。盘的一角有一倾斜形缺口，方便茶叶收取。审评毛茶一般采用篾制圆样匾，直径 50 cm，边高 4 cm。

（2）叶底盘　用于审评叶底。为长方形的白色搪瓷盘，加清水让茶叶微微漂浮起来，又称叶底漂盘。

（3）样茶秤　称取茶样的计量器。常用感量 0.1 g 的托盘天平或称茶专用的铜质手秤。现在多用电子秤。

（4）计时器　用于计量茶叶冲泡时间。通常用可预定 5 min 自动响铃的定时器或 5 min 的秒时计。

（5）茶匙　茶匙也称汤匙，舀取茶汤品评之用。为白瓷，容量为 5～10 mL。

（6）汤碗　审评时冲进热水，消毒清洗茶匙用。亦可用杯形状的。

（7）废水桶（吐茶桶）　用于盛装废弃不用的茶汤、茶渣、废水以及盛装评茶时吐出的茶汤。

（8）煮水器　一般为电茶壶，水容量为 2.5～5 L。以不锈钢或铝质的为好。不能有异味。

（9）贮茶桶　用于放置或保存茶叶。要求密封性好，无杂异味。

（10）样茶柜架　审评室内可配置适当的样茶柜或样茶架，用以存放被审评的茶叶。

（11）消毒碗柜　用于放置审评杯、碗、茶匙等器具。

4. 审评表

审评时用于记录的表格，可参照表 1-1 和表 1-2。

表 1-1　茶叶审评表（Ⅰ）

送样：　　　　　　　　　　　　　　　　　　　　　　　A 表　第　　号

茶类	外形（　％）		汤色（　％）		香气（　％）		滋味（　％）		叶底（　％）		总分
	评语	分数	评语	分数	评语	分数	评语	分数	评语	分数	
总评											

检评：　　　　　　　　　　　校核：　　　　　　　　　　年　月　日

表 1-2　茶叶审评表（Ⅱ）

送样：　　　　　　　　　　　　　　　　　　　　　　　B 表　第　　号

茶类：		批号：	件数：		总量：　　kg	
品质因子	品质特点	较高	相当	稍低	较低	不合格	备注
外形						
汤色						
香气						
滋味						
叶底						
总评			检评结果			

检评：　　　　　　　　　　　校核：　　　　　　　　　　年　月　日

来源：朱自励. 茶艺理论与实践[M]. 北京：中国人民大学出版社, 2014.

第二节　取样和用水

审评茶叶色、香、味的好坏是通过冲泡或煮渍后来鉴定的，但评茶用水的硬软清浊和沸滚程度对茶叶审评有较大的影响。尤其对滋味的影响更大，所以泡茶用水不同，必然影响茶叶审评的结果。

一、取样

取样的数量和方法因审评检验的要求、茶类和取样环节的不同而有所区别，由于取样极其重要，我国专门制定了国家标准GB/T 8302—2013《茶取样》，本标准规定了茶叶取样的基本要求，取样条件、取样人员、取样工具和器具、取样方法、样品的包装和标签、样品运送、取样报告单等内容。本标准适用于各类茶叶的取样。

完成取样的过程中动作应仔细，防止因剧烈的动作损害茶叶，同时须注意避免茶叶被污染。样品必须迅速盛装在清洁、干燥、密闭性良好的容器内。每个样品的容器都必须有标签，详细标明相关事项。

1. 大包装茶取样

（1）取样件数　取样件数按下列规定：

1～5件，取样1件；

6～50件，取样2件；

51～500件，每增加50件（不足50件者按50件计）增取1件；

501～1 000件，每增加100件（不足100件者按100件计）增取1件；

1 000件以上，每增加500件（不足500件者按500件计）增取1件。

（2）随机取样　用随机数表，随机抽取需取样的茶叶件数。如没有该表，可采用下列方法：

设 N 是一批中的件数，n 是需要抽取的件数，取样时可从任一件开始计数，按 $1,2,\cdots,r$，其中 $r=N/n$（如果 N/n 不是整数，便取其整数部分为 r），挑选出第 r 件作为茶叶样品，继续数并挑出每个第 r 件直到取得所需的件数为止。

（3）取样步骤

①包装时取样：在产品包装过程中取样，在茶叶定量装件时，抽取规定的件数，每件用取样铲取出样品约 250 g 作为原始样品，盛于有盖的专用茶箱中。然后混匀，用分样器或四分法逐步缩分至 500～1 000 g，作为平均样品，分装于两个茶样罐中，供检验用。检验用的试验样品应有所需的备份，以供复验或备查之用。

②包装后取样：在产品成件、打包、刷唛后取样，在整批茶叶包装完成后的堆垛中，抽取规定的件数，逐件开启后，分别将茶叶全部倒在塑料布上，用取样铲各取出有代表性的样品约 250 g，置于有盖的专用茶箱中，混匀，用分样器或四分法逐步缩分至 500～1 000 g，作为平均样品，分装于两个茶样罐中，供检验用，检验用的试验样品应有所需的备份，以供复验或备查之用。

2. 小包装茶取样

（1）取样件数　按照大包装的规定确定取样件数（取样总质量未达到平均样品的最小质量值时，应增加取样件数，以达到1(3)的规定）。

（2）取样步骤

①包装时取样：按照大包装取样的规定取样。

②包装后取样：在整批包装完成后的堆垛中，抽取规定的件数，逐件开启。从各件内取出 2～3 盒（听、袋），所取样品保留数盒（听、袋），盛于防潮的容器中，供进行单个检验。其余部分现场拆封，倒出茶叶混匀，再用分样器或四分法逐步缩分至 500～1 000 g，作为平均样品，分装于两个茶样罐中，供检验用。检验用的试验样品应有所需的备份，以供复验或备查之用。

3. 紧压茶取样

（1）取样件数　按照大包装茶的规定确定取样件数。

（2）取样步骤

①沱茶取样：抽取规定的件数，每件取 1 个（约 100 g），若取样总数大于 10 个，则在取得的总个数中，抽取 6～10 个作为平均样品，分装于两个茶样罐或包装袋中，供检验用。检验用的试验样品应有所需的备份，以供复验或备查之用。

②砖茶、饼茶、方茶取样：抽取规定的件数，逐件开启，取出 1～2 块，若取样总块数较多，则在取得的总块数中，单块质量在 500 g 以上的，留取 2 块，500 g 及 500 g 以下的，留取 4 块，分装于两个包装袋中，供检验用，检验用的试验样品应有所需的备份，以供复验或备查之用。

③捆包的散茶取样：抽取规定的件数，从各件的上、中、下部取样，再用分样器或四分法缩分至 500～1 000 g，作为平均样品，分装于两个茶样罐或包装袋中，供检验用，检验用的试验样品应有所需的备份，以供复验或备查之用。

二、用水的选择

在中国饮茶史上，许多茶人常常不遗余力为赢得一泓美泉而"千里致水"，甚至不惜劳民伤财，如唐武宗时的李德裕，位居相位，喜饮无锡惠山泉水，他烹茶不用京城水，却专门派人从数千里以外的无锡经"递铺"传送惠山泉水至长安，称为"水递"。晚唐诗人曾有诗为证："丞相常思煮茗时，群侯催发只嫌迟。吴关去国三千里，莫笑杨妃爱荔枝。"其实，烹茶好水，各地都能觅得。茶人大多主张随汲随饮，适意可人。

1. 古人泡茶用水的要求

中国在唐代以前，尽管饮茶已较普遍，但习惯于在煮茶时加入各种香辛作料。在这种情况下，对茶的色、香、味、形并无多大要求，因而对水品要求也不高。唐代开始，随着茶品的增多，以及清饮雅赏之风的开创，才对水品有了较高的要求。据唐代张又新《煎茶水记》记载，最早提出鉴水试茶的是唐代的刘伯刍，他"亲揖而比之"，提出宜茶水品七等，开列如下：第一，扬子江南零水；第二，无锡惠山寺石泉水；第三，苏州虎丘寺石泉水；第四，丹阳县观音寺水;第五,扬州大明寺水;第六,吴淞江水;第七,淮水最下。

而差不多与刘伯刍同时代的陆羽提出"楚水第一,晋水最下",将宜茶用水分为二十等:庐山康王谷水帘水第一;无锡县惠山寺石泉水第二;蕲州兰溪石下水第三;峡州扇子山下有石突然,泄水独清泠,状如龟形,俗云蛤蟆口水第四;苏州虎丘寺石泉水第五;庐山招贤寺下方桥潭水第六;扬子江南零水第七;洪州西山西东瀑布水第八;唐州柏岩县淮水源第九;庐州龙池山岭水第十;丹阳县观音寺水第十一;扬州大明寺水第十二;汉江金州上游中零水第十三;归州玉虚洞下香溪水第十四;商州武关西洛水第十五;吴淞江水第十六;天台山西南峰千丈瀑布水第十七;郴州园泉水第十八;桐庐严陵滩水第十九;雪水第二十。而清代的曹雪芹在《冬夜即事》诗中,主张"却喜侍儿知试茗,取将新雪及时烹"。认为雪水沏茶最佳。总之,古代茶人,对宜茶水品议论颇多,说法也不完全一致,归纳起来,大致有以下几种论点。

(1)择水选"源" 如唐代的陆羽在《茶经》中指出:"其水,用山水上,江水中,井水下。"明代陈眉公《试茶》诗中的"泉从石出情更冽,茶自峰生味更圆",都认为宜茶水品的优劣,与水源的关系甚为密切。

(2)水品贵"活" "活"是指有源头而常流动的水。如北宋苏东坡《汲江水煎茶》诗中的"活水还须活火烹,自临钓石汲深情。大瓢贮月归春瓮,小勺分江入夜瓶";宋代唐庚《斗茶记》中的"水不问江井,要之贵活";南宋胡仔《苕溪渔隐丛话》中的"茶非活水,则不能发其鲜馥";明代顾元庆《茶谱》中的"山水乳泉漫流者为上"等,都说明宜茶水品贵在"活"。

(3)水味要"甘" "甘"是指水略有甘味。如北宋蔡襄《茶录》中认为:"水泉不甘,能损茶味。"明代田艺蘅在《煮泉小品》中说:"味美者曰甘泉,气氛者曰香泉。"明代罗廪在《茶解》中主张"梅雨如膏,万物赖以滋养,其味独甘,梅后便不堪饮",强调宜茶水品在"甘",只有"甘"才能够出"味"。

(4)水质需"清" "清"是指水质洁净透彻。如唐代陆羽的

《茶经·四之器》中所列的漉水囊，就是作为滤水用的，宋代大兴斗茶之风，强调茶汤以"白"为贵，这样对水质的要求，更以清净为重，择水重在"山泉之清者"。明代熊明遇说："养水须置石子于瓮，不惟益水，而白石清泉，会心亦不在远。"这就是说，宜茶用水需以"清"为上。

（5）水品应"轻" "轻"是指水的分量轻。清乾隆皇帝一生中，塞北江南，无所不至。在杭州（浙江）品龙井茶，上峨眉（四川）尝蒙顶茶，赴武夷（福建）啜岩茶，他一生爱茶，是一位品泉评茶的行家。据清代陆以湉《冷庐杂识》记载，乾隆每次出巡，常喜欢带一只精制银斗，"精量各地泉水"，精心称重，按水的比重从轻到重，排出优次，定北京玉泉山水为"天下第一泉"，作为宫廷御用水。

不管什么水，只要符合"源、活、甘、清、轻"五个标准，才算得上是好水。所以，水源中以泉水为佳，因为泉水大多出自岩石重叠的山峦，污染少，山上植被茂盛，从山岩断层涓涓细流汇集而成的泉水富含各种对人体有益的微量元素，经过沙石过滤，清澈晶莹，茶的色、香、味可以得到最大的发挥。清人梁章钜在《归田锁记》中指出，只有身入山中，方能真正品尝到"清、香、甘、活"的泉水。在中国饮茶史上，曾有"得佳茗不易，觅美泉尤难"之说。多少爱茶人，为觅得一泓美泉，着实花费过一番工夫。王安石辨水，有一次王安石和苏东坡一块喝茶，喝罢，王安石问道："我托您瞿塘中峡水，您这事办了吗？"东坡回答说："办了。您要的水已运来了，现在府外。"王安石命堂候官两员，将水瓮抬进书房。他亲以衣袖拂拭，纸封打开，命童儿茶灶中煨火，用银铫汲水然后放在火上煮。先取白定碗一只，投阳羡茶一撮于内，待铫内的水冒出蟹眼一般的水泡，立即拿起铫将沸腾的水倾入碗里，其茶色半晌方见。王安石有些怀疑，问道："这是在哪里取的水？"东坡回答说："巫峡。"王安石故意说："这怕是中峡的水吧？"东坡说："正是。"王安石笑道："您又来欺老夫了！此乃下峡之水，如何说假话称此是中峡的水呢？"东坡大惊，告诉他当地人说的话："三峡相连，一般样水，有何区别？——晚生听错了，实是取下峡之水。老太师咋分辨的呢?"王安石说:"读书人不可轻举妄动,须是细心察理。老夫若非亲到黄州,看过菊花,怎么诗中敢乱道'黄花落瓣'! 这瞿塘水性,出于《水经补注》。上峡水性太急,下峡太缓,惟中峡不急不缓。太医院官乃明医,知老夫乃中脘出了毛病,故用中峡水做药引。此水烹阳羡茶,上峡味浓,下峡味淡,中峡浓淡适宜。今见茶色半晌方见,故知是下峡。"东坡离开座位,施礼谢罪,表示抱歉。

[小知识]

陆 羽 鉴 水

在唐代宗年间,湖州刺史李季卿至维扬(今江苏扬州),遇见了陆羽。李季卿久闻陆羽精通茶艺茶道,十分倾慕,这次能在扬州相逢,自然十分高兴。便下令停船,邀请陆羽一同品茗相谈。李季卿说:"素闻扬子江南零之水特别好,为天下一绝,再加上相逢名满四海的陆羽,可谓二妙相遇,实乃千载难逢。"遂命兵士驾船到江中去汲取南零水,并乘着取水间隙,将品茶用具一一布置妥当。

不久,南零水取到。陆羽用勺在水面一扬后说道:"这水倒是扬子江的水,但不是南零段的,好像是临岸之水。"兵士急忙禀报:"这水是我亲自驾船到南零去汲取的,有很多人看见,我怎么敢撒谎呢?"陆羽并不作答,将所取之水倒去一半,再用勺在水面一扬后高兴地说:"这才是南零之水。"兵士听后大惊失色,忙伏地叩头说:"我从南零取水回来,不想到岸边时,由于船身晃动,使得所取之水溢出一半,担心水不够用,便从岸边取水加满。没曾想先生如此明鉴,再次谢罪。"

李季卿与数十位随从都惊叹于陆羽鉴水之神奇,李季卿便向陆羽讨教说:"那么先生所经历过的水,哪些好哪些不好呢?"陆羽回答说:"楚水第一,晋水最下。"李季卿忙命手下用笔一一记录下来。由此,"陆羽鉴水"的故事一时传为佳话,为茶圣一生的传奇又平添一段风韵。

2.现代人泡茶用水的选择

(1)纯净水 现代科学的进步,采用多层过滤和超滤、反渗透技术,可将一般的饮用水变成不含有任何杂质的纯净水,并使水的酸碱度达到中性。用这种水泡茶,不仅因为净度好、透明度高,沏出的茶汤晶莹透彻,而且香气滋味醇正,无异杂味,鲜醇爽口。市面上纯净水品牌很多,大多数都宜泡茶。除纯净水外,还有质地优良的矿泉水也是较好的泡茶用水。

(2)自来水 自来水含有用来消毒的氯气等,在水管中滞留较久的,还含有较多的铁质。当水中的铁离子含量超过万分之五时,会使茶汤呈褐色,而氯化物与茶中的多酚类作用,又会使茶汤表面形成一层"锈油",喝起来有苦涩味。所以用自来水沏茶,最好用无污染的容器,先贮存一天,待氯气散发后再煮沸沏茶,或者采用净水器将水净化,这样就可成为较好的沏茶用水。

(3)井水 井水属地下水,悬浮物含量少,透明度较高。但它又多为浅层地下水,特别是城市井水,易受周围环境污染,用来沏茶,有损茶味。所以,若能汲得活水井的水沏茶,同样也能泡得一杯好茶。唐代陆羽《茶经》中说的"井取汲多者",明代陆树声《煎茶七类》中讲的"井取多汲者,汲多则水活",说的就是这个意思。明代焦竑的《玉堂丛语》,清代窦光鼐、朱筠的《日下归闻考》中都提到的京城文华殿东大庖井,水质清明,滋味甘冽,曾是明清两代皇宫的饮用水源。福建南安观音井,曾是宋代的斗茶用水,如今犹在。

(4)江、河、湖水 江、河、湖水属地表水,含杂质较多,浑浊度较高,一般说来,沏茶难以取得较好的效果,但在远离人烟,又是植被生长繁茂之地,污染物较少,这样的江、河、湖水,仍不失为沏茶好水。如浙江桐庐的富春江水、淳安的千岛湖水、绍兴的鉴湖水就是例证。唐代陆羽在《茶经》中说:"其江水,取去人远者。"说的就是这个意思。唐代白居易在诗中说:"蜀水寄到但惊新,渭水煎来始觉珍",认为渭水煎茶很好。唐代李群玉曰:"吴瓯湘水绿花",说湘水煎茶也不差。明代许次纾在《茶疏》中更进一步说:"黄河之水,来自天上。浊者土色,澄之即净,香味自发",也就是说即使浑浊的黄河水,只要经澄清处理,同样也能使茶汤香高味醇。这种情况,古代如此,现代也同样如此。

（5）山泉水　山泉水大多出自岩石重叠的山峦。山上植被繁茂，从山岩断层细流汇集而成的山泉，富含二氧化碳和各种对人体有益的微量元素；而经过沙石过滤的泉水，水质清净晶莹，含氯、铁等化合物极少，用这种泉水泡茶，能使茶的色、香、味、形得到最大限度发挥，但也并非山泉水都可以用来沏茶，如硫黄矿泉水是不能沏茶的。另外，山泉水也不是随处可得，因此，对多数茶客而言，只能视条件和可能去选择宜茶水品了。

（6）雪水和雨水　雨水和雪水，古人誉为"天泉"。用雪水泡茶，一向就被重视。如唐代大诗人白居易《晚起》诗中的"融雪煎香茗"，宋代著名词人辛弃疾《六幺令》词中的"细写茶经煮香雪"，还有元代诗人谢宗可《雪煎茶》诗中的"夜扫寒英煮绿尘"，都是描写用雪水泡茶。清代曹雪芹的"却喜侍儿知试茗，扫将新雪及时烹"都是赞美用雪水泡茶的。《红楼梦》第四十一回"贾宝玉品茶栊翠庵"中也写道，妙玉用在地下珍藏了五年的、取自梅花上的雪水煎茶待客。至于雨水，综合历代茶人泡茶的经验，认为秋天雨水，因天高气爽，空中尘埃少，水味清冽，当属上品；梅雨季节的雨水，因天气沉闷，阴雨连绵，较为逊色；夏季雨水，雷雨阵阵，飞沙走石，因此水质不净，会使茶味"走样"。但雪水和雨水，与江、河、湖水相比，总是洁净的，不失为泡茶好水，不过，空气污染较为严重的地方，如酸雨的水，不能泡茶，同样污染很严重的城市的雪水也不能用来泡茶。

3.泡茶用水的处理

（1）过滤法　购置理想的滤水器，将自来水经过过滤后，再来冲泡茶叶。

（2）澄清法　将水先盛在陶缸，或无异味、干净的容器中，经过一昼夜的澄清和挥发，水质就较理想，可以冲泡茶叶。

（3）煮沸法　自来水煮开后，将壶盖打开，让水中的消毒药物的味道挥发掉，保留了没异味的水质，这样泡茶较为理想。

泡茶用水在茶艺中是一重要项目，它不仅要合于物质之理、自然之理，还包含着中国茶人对大自然的热爱和高雅的审美情趣。

4.泡茶要素

茶叶中的化学成分是组成茶叶色、香、味的物质基础,其中多数能在冲泡过程中溶解于水,从而形成了茶汤的色泽、香气和滋味。泡茶时,应根据不同茶类的特点,调整水的温度、浸润时间和茶叶的用量,从而使茶的香味、色泽、滋味得以充分地发挥。综合起来,泡好一壶茶主要有四大要素:第一是茶叶用量,第二是泡茶水温,第三是冲泡时间,第四是冲泡次数。

(1)茶叶用量　茶叶用量就是每杯或每壶中放适当分量的茶叶。泡好一杯茶或一壶茶,首先要掌握茶叶用量。每次茶叶用多少,并没有统一标准,主要根据茶叶种类、茶具大小以及消费者的饮用习惯而定。一般而言,水多茶少,滋味淡薄;茶多水少,茶汤苦涩不爽。因此,细嫩的茶叶用量要多;较粗的茶叶,用量可少些。

普通的红、绿茶类(包括花茶),可大致掌握在 1 g 茶冲泡 $50\sim60$ mL 水。如果是 200 mL 的杯(壶),那么,放上 3 g 左右的茶,冲水至七八成满,就成了一杯浓淡适宜的茶汤。

若饮用云南普洱茶,则需放茶叶 $5\sim8$ g。

乌龙茶因习惯浓饮,注重品味和闻香,故要汤少味浓,用茶量以茶叶与茶壶比例来确定,投茶量大致是茶壶容积的 $\frac{1}{3}\sim\frac{1}{2}$。

广东潮、汕地区,投茶量达到茶壶容积的 $\frac{1}{2}\sim\frac{2}{3}$。

茶、水的用量还与饮茶者的年龄、性别有关。大致来说,中老年人比年轻人饮茶要浓,男性比女性饮茶要浓。如果饮茶者是老茶客或是体力劳动者,一般可以适量加大茶叶量;如果饮茶者是新茶客或是脑力劳动者,可以适量少放一些茶叶。

一般来说,茶不可泡得太浓,因为浓茶有损胃气,对脾胃虚寒者更甚。茶叶中含有鞣酸,太浓太多,可收缩消化黏膜,妨碍胃吸收,引起便秘和牙黄;同时,太浓的茶汤和太淡的茶汤不易体会出茶香嫩的味道。古人谓饮茶"宁淡勿浓"是有一定道理的。

至于各种压制茶,由于销售对象不同,应用方式不同,审评用水用茶量、冲泡或熬煮时间不同,见表1-3。

表1-3 审评各种压制茶泡煮时间和用水量

茶别	泡制方法	样茶/g	沸水量/mL	时间/min
湘尖	冲泡	3	150	7
茯砖	冲泡	3	150	7
饼茶	冲泡	3	150	7
六堡茶	冲泡	3	150	7
芽细	冲泡	3	150	7
金尖	熬煮	5	250	5
圆茶	熬煮	5	250	5
康砖	熬煮	5	250	5
米砖	熬煮	5	250	5
青砖	熬煮	5	250	5
花砖	熬煮	5	250	5
紧茶	冲泡或熬煮	3	150	7

来源:朱旗.茶学概论[M].北京:中国农业出版社,2013.

(2)泡茶水温 泡茶用水的水温对茶汤的影响很大,同一个茶样,分别以不同的温度冲泡,高温冲泡的会比较阳刚、高扬,而低温冲泡的会比较温和。其原因在于不同水温条件下,溶于水的茶叶可溶性物质的溶解速率不一样,造成茶叶中的茶成分的比例不同。高温时,利于茶多酚的溶出。也就是说高温时,茶汤的组分中,茶多酚含量多些,滋味会更浓。同时高温冲泡,利于茶叶中香气成分的挥发。对于茶青比较成熟的(如乌龙茶)、或发酵较重的、或外形较紧结的、或焙火较重的茶叶,宜采用较高的温度冲泡。

水温的判断刚开始时可以借助温度计,逐渐地,可以直接根据蒸汽外冒的情况判断。正常海拔的地方,打开壶盖时,当水蒸气呈直线快速地往外挥发时,判断水温应该在95℃左右;当水蒸气不是呈直线快速挥发,有点左右飘浮时,判断水温应该在85℃左右;当水蒸气上升缓慢,呈左右飘浮时,判断水温应该在75℃左右。

而茶叶审评时,要求水温必须是沸滚适度的 100℃ 的开水。《茶经》:"其沸,如鱼目、微有声为一沸,边缘如涌泉连珠为二沸,腾波鼓浪为三沸,以上水老、不可食也。"陆羽认为煮水品茶宜选"二沸"。过沸,水中 CO_2 散失较多,茶汤无刺激性。若水未沸滚,则浸出率偏低、浸出速度慢,茶汤水味重。

茶量、浸泡时间一致条件下,水浸出物含量随水温下降而降低,如表 1-4 所示。

表 1-4 水温与水浸出物的关系

水温	水浸出物/%
100℃	100
80℃	80
60℃	45

来源:朱旗.茶学概论[M].北京:中国农业出版社,2013.

(3)泡茶的时间 茶叶汤色的深浅明暗和汤味的浓淡爽涩,与茶叶中水浸出物的数量,特别是主要呈味物质的泡出量和泡出率有密切关系(表 1-5)。以 3 g 龙井茶用 150 mL 水冲泡,在 10 min 内随冲泡时间的延长,主要成分泡出量随之增多。试验认为,冲泡不足 5 min,茶汤色浅,滋味淡,红茶汤色缺乏明亮度,因为茶黄素浸出速度慢于茶红素;超过 5 min,茶汤色深,涩味的多酚类化合物特别是酯型儿茶素浸出量多,味感差。尤其是冲泡水温度高,冲泡时间长,引起多酚类等化学成分自动氧化聚合的加强,导致绿茶汤色变黄,红茶汤色发暗。综上所述,审评红绿茶的泡茶时间,国内外一般定为 5 min,是有一定科学根据的。

表 1-5 不同冲泡时间对茶叶主要成分泡出量的影响 %

化学成分	30 min		5 min		10 min	
	含量	相对	含量	相对	含量	相对
水浸出物	15.07	74.60	17.15	85.89	20.20	100
游离氨基酸	1.53	77.66	1.74	88.32	1.97	100
茶多酚类化合物	7.54	70.70	8.98	88.46	10.76	100

来源:朱旗.茶学概论[M].北京:中国农业出版社,2013.

（4）冲泡次数　据测定，茶叶中各种有效成分的浸出率是不一样的，最容易浸出的是氨基酸和维生素 C；其次是咖啡碱、茶多酚、可溶性糖等。一般茶冲泡第一次时，茶中的可溶性物质能浸出 50%～55%；冲泡第二次时，能浸出 30% 左右；冲泡第三次时，能浸出约 10%；冲泡第四次时，只能浸出 2%～3%，几乎是白开水了。所以，通常以冲泡三次为宜。如饮用颗粒细小、揉捻充分的红碎茶和绿碎茶，由于这类茶的成分很容易被沸水浸出，一般都是冲泡一次就将茶渣滤去，不再重泡；速溶茶，也采用一次冲泡法；工夫红茶则可冲泡 2～3 次；而条形绿茶如眉茶、花茶通常只能冲泡 2～3 次；白茶和黄茶，一般也只能冲泡 1 次，最多 2 次。

品饮乌龙茶多用小型紫砂壶，在用茶量较多（约半壶）的情况下，可连续冲泡 4～6 次，甚至更多。

第三节　程　序

茶叶品质的好坏、等级的划分、价值的高低，主要通过感官审评来决定。感官审评茶叶品质应外形与内质兼评，分为干茶审评和开汤审评，俗语称干评和湿评，包括外形、香气、汤色、滋味和叶底等五项，俗称"五因子审评法"。评茶基本操作程序如下：取样—评外形—称样—冲泡—沥茶汤—看汤色—嗅香气—尝滋味—评叶底。

审评操作的同时，要把每个项目的审评结果及时填写到审评记录表内，有时还要打分。

评茶各个流程如何进行？具体的评茶内容包含哪些？我们将在以下内容中详细阐述。

一、茶叶取样

取样又称扦样或抽样，是指从一批或数批茶叶中取出具有代表性样品供审评使用。取样是否正确，能否代表全面，是保证审评检验结果准确与否的首要关键。

1. 取样意义

茶叶的品质由色、香、味、形等因子构成，关系十分复杂。茶叶的品质因产地、品种、加工而异。即使是同批茶叶，其形状上有大小、长短、粗细、松紧、圆扁、整碎等差异，并有老与嫩、芽与叶、毫与梗等之分。从茶叶内含物质成分来分，各种成分的数量和比例也存在差异。即使是精制后的精茶，一般是上段茶的条索较长略松，中段茶细紧、重实，下段茶较短碎；且汤味有淡、醇、浓；香气有稍低、较高、平和；叶底有老、嫩、杂的差别。

由于茶叶具有不均匀性，要实现准确审评的目标，其前提是扦取具有代表性的茶叶样品。一般茶叶开汤审评用样量仅 3～5 g，而这少量样茶的审评结果，有时关系到一个地区、一个茶类或整批产品的质量状况。因此，如果取样没有代表性，就没有审评结果的准确性。

此外，从收购和验收角度看，取样决定一批茶的品质等级和经济价值。从生产和科研角度来说，样茶是反映茶叶生产水平和指导生产技术改进以及正确反映科研成果的根据。再从茶叶出口角度讲，样茶是反映茶叶品质规格是否相符，关系到国家信誉。总之，取样是一项重要的技术工作，是准确评茶的前提。

2. 取样方法

取样的数量和方法因经营环节、评茶要求、茶类而异。鉴于取样的重要性，我国专门制定国家标准 GB/T 8302—2013《茶取样》，详细规定了各类茶叶取样的基本要求、取样条件、取样工具、取样方法、样品的包装和标签、样品运送、取样报告单等。

在不使用分样器的情况下，茶叶取样基本方法是四分法，或称对角取样法：将样茶充分混匀，摊平一定的厚度，再用分样板按对角划"X"形沟，将茶分成独立的四份，取相对角的两份，反复分取，直至所需数量为止。

（1）毛茶取样　在取样前，应先检查每批毛茶的件数，分清票别，做上记号，再从每件茶叶的上、中、下及四周各扦取一把。先看外形的色泽，粗细及干嗅香气是否一致，如不一致，则将袋中茶叶倒出匀堆后，从大堆中扦取。扦取的样茶拼拢充分混匀，作为"大样",再从大样中用对角取样法扦取小样 500 g,供作审评用。

收购毛茶的取样数量,尚无严格规定,一般以扦取有代表性的茶样,提供评茶计价够用为准。收购毛茶在取样时,还应注意毛茶的干燥程度,如果干茶不符合标准规定的要求或者带有异气,应根据具体情况,按照规定分别处理。

(2)精茶取样 茶厂加工的精茶的扦样,是贯彻执行产品出厂负责制的关键。一般是在匀堆后、装箱前在茶堆中各个部位分多次扦取样品。将扦取的样茶混合后归成圆锥形小堆,然后,从茶堆上、中、下各个不同部位扦取所需样品,供审评之用。

现在有些规模较大的茶厂,茶叶精制作业机械进行了联装,加工连续化,匀堆装箱亦实行了流水作业及自动化,取样就在匀堆作业流水线上定时分段抽取。

至于再加工的压制茶,一般在干燥过程中,随时扦样。如砖茶、紧茶、饼茶等,从烘房不同部位取样;篓装散茶,如六堡茶、湘尖、方包茶等,就从各件的腰部或下层部扦取样茶。

(3)出口取样 出口茶的扦样,其抽样件数按照茶叶输出、输入暂行标准规定,具体如下:

1~5 件,取样 1 件;

6~50 件,取样 2 件;

51~500 件,每增加 50 件增取 1 件(不足 50 件者按 50 件计);

501~1 000 件,每增加 100 件增取 1 件(不足 100 件者按 100 件计);

1 000 件以上,每增加 500 件增取 1 件(不足 500 件者按 500 件计)。

(4)审评取样 用于开汤审评的样茶,从样茶罐中倒出,取 200~250 g 放在茶样盘里,再拌匀。具体取样要求如下:

用拇指、食指、中指抓取审评茶样;每杯用样,应一次抓够,宁可手中有余茶,不宜多次抓茶;取样过程,要求动作轻,尽量避免将茶叶抓碎或捏断,导致评茶误差。

二、外形

外形审评包括形状、色泽、整碎、净度、嫩度等内容,具体内容如下:

1.条索(形状)

叶片卷转成条称为"条索",包括产品的造型、大小、粗细、长短等。各类茶应具有一定的外形规格,这是区别茶叶商品种类和等级的依据。我国茶叶外形形状千姿百态,种类繁多,有条形、尖形、卷曲形、扁形、圆形、颗粒形、针形、片形等。

2.色泽

干茶色泽主要从色度和光泽度两方面去看。色度即茶叶的颜色及色的深浅程度。光泽度指茶叶接受外来光线后,一部分光线被吸收,一部分光线被反射出来,形成茶叶的色面,色面的亮暗程度即光泽度。茶类不同,茶叶的色泽不同。色泽评比深浅、润枯、鲜暗、匀杂等项。

(1)深浅 首先看色泽是否正常,即是否符合该茶类应有的色泽,正常的干茶,原料细嫩的高级茶,颜色深,随着级别下降颜色渐浅。

(2)润枯 "润"表示茶色一致,茶条似带油光,色面反光强,油润光滑,一般可反映鲜叶嫩而新鲜,加工及时合理,是品质好的标志。"枯"是有色而无光泽或光泽差,表示鲜叶老或制工不当,茶叶品质差。劣变茶或陈茶,色泽枯而暗。

(3)鲜暗 "鲜"为色泽鲜艳、鲜活,给人以新鲜感,表示鲜叶嫩而新鲜。初制及时合理,新茶所具有的色泽鲜。"暗"表现为茶色深又无光泽,一般鲜叶粗老,储运不当,初制不当,茶叶陈化。紫芽鲜叶制成的绿茶,色泽带黑发暗。深绿的鲜叶制成的红茶色泽呈现青暗或乌暗。

(4)匀杂 "匀"表示色调一致,给人以正常感。色不一致,参差不齐,茶中多黄片、青条、筋梗、焦片末等,谓之杂。

3.整碎

整碎指外形的匀整程度。毛茶的整碎,受采摘和初制加工技术的影响,基本上要求保持原毛茶自然形态,一般以完整的为好,断碎的为差。精茶的整碎主要评比三段茶的比例是否恰当,要求筛档匀称、不脱档,面张茶平伏,下盘茶含量不超过标准样,上中下三段茶互相衔接。

4.净度

净度指茶梗、茶片及非茶叶夹杂物的含量程度。不含夹杂物的茶叶净度好;反之则净度差。茶中夹杂物有两类:茶类夹杂物与非茶类夹杂物。茶类夹杂物是指茶梗(分嫩梗、老梗、木质梗)、茶籽、茶朴、茶片、茶末、毛衣等。非茶类夹杂物是指采、制、存、运中混入的杂物,如杂草、树叶、泥沙、石子等。

5.嫩度

嫩度是外形审评因子的重点,是决定茶叶品质的基本条件。一般来说,嫩叶可溶性成分含量高,饮用价值高。又因嫩度好,其叶质柔软、叶肉肥厚,初制合理容易成条,条索紧结重实,芽毫显露,完整饱满,外形美观。嫩度主要看芽叶比例与叶质老嫩,有无锋苗和茸毛,条索的光糙度。

(1)嫩度好 指芽与嫩叶比例大,含量多。审评时要以整盘茶去比,不能单从个数去比,因为同样是芽与嫩叶,有厚薄、长短、宽狭、大小之别。凡是芽头嫩叶比例近似,芽壮身骨重,叶质厚实的品质好;外形不匀整,品质就差。

(2)锋苗 指芽叶紧卷做成条索的锐度。条索紧结、芽头完整锋利并显露,表明嫩度好,制工好。嫩度差的,制工虽好,条索完整,但不锐无锋,品质就次。

(3)光糙度 一般老叶细胞组织硬,初制时条索不易揉紧,且表面凸凹不平,条索呈皱纹,叶脉隆起,干茶外形粗糙。嫩叶柔软、果胶质多,容易揉成条,条索光滑平伏。

三、汤色

汤色审评主要从色度、亮度和清浊度三方面进行。

1.色度

色度指茶汤颜色,茶汤汤色除与茶树品种和鲜叶老嫩有关外,主要是制法不同,使各茶类具有不同颜色和汤色。评比时,主要从正常色、劣变色和陈变色三方面去看。

（1）正常色　即一个地区的鲜叶,在正常采制条件下制成的茶,冲泡后呈现的汤色,如绿茶绿汤,绿中带黄;红茶红汤,红艳明亮;青茶橙黄明亮;白茶,浅黄明净;黄茶黄汤;黑茶深红等。在正常的汤色中由于加工精细程度不同,虽属正常色,尚有优次之分,故在正常汤色中应进一步区别其浓淡和深浅。通常色深而亮,即汤浓而物质丰富,浅而明是汤淡而物质不丰富。至于汤色的深浅,只能同类同地区做比较,因各类茶汤色色面不同,如黑茶汤色比白茶汤色色面深。

（2）劣变色　由于鲜叶采运,摊放或初制不当等形成变质,汤色不正,如鲜叶处理不当,制成绿茶轻则汤黄,重则变红。杀青不当有红梗红叶,汤色变深或带红。绿茶干燥炒焦,汤黄浊。红茶发酵过度,汤色深暗等。

（3）陈变色　陈化是茶叶特性之一,在通常条件下贮存,随着时间延长,陈化程度加深。如果初制各工序不能持续,杀青后不及时揉捻,揉捻后不及时干燥,使新绿茶的茶汤色黄或昏暗。

2.亮度

亮度指亮暗程度,"亮"指射入的光线,通过汤层吸收的部分少,而被反射出来的多;"暗"却相反。凡茶汤亮度好的品质亦好,亮度差的品质亦次。茶汤能一眼见底的为明亮,如绿茶看碗底反光强就明亮,红茶还可看汤面沿碗边的金黄色的圈(称金圈)的颜色和厚度。光圈的颜色正常,鲜明而厚的亮度好;光圈颜色不正且暗而窄的,亮度差,品质亦差。

3.清浊度

清浊度指茶汤清澈或混浊程度。"清"指汤色纯净透明,无混杂,一眼见底,清澈透明。"浊"指汤不清且浑浊,视线不易透过汤层,难见碗底,汤中有沉淀物或细小浮悬物。劣变或陈变产生的酸、馊、霉、陈的茶汤,混浊不清。杀青炒焦的叶片,干燥烘或炒焦的碎片,冲泡所混入汤中产生沉淀,都能使茶汤混而不清。但在浑汤中要区别两种情况,一种情况是"冷后浑"或称"乳凝现象",由于咖啡碱和多酚类的络合物溶于热水,而不溶于冷水,冷却后即被析出,所以茶汤冷后产生"冷后浑",这是品质好的表现。还有一种情况是鲜叶细嫩多毫,如高级碧螺春、都匀毛尖等,茶汤中茸毛多,浮悬汤层中,这也是品质好的表现。

四、香气

香气的审评包括纯异、高低、长短等方面。

1. 纯异

"纯"是指某茶应有的香气。香气纯要区别三种情况,即茶类香、地域香和附加香气(外添加的香气)。茶类香指某茶类应有的香气,如绿茶要清香,黄大茶要有锅巴香,黑茶和小种红茶要松烟香,青茶要带花香或果香,白茶要有毫香,红茶要有甜香感等。在茶类香中又要注意区别产地香和季节香。产地香即高山、低山、洲地之区别,一般高山茶香高于低山,在制工良好的情况下带有花香。季节香即不同季节香气之区别,我国红绿茶一般是春茶香高于夏秋茶,秋茶香气又比夏茶好,大叶种红茶香气夏秋茶又比春茶好。只要熟悉和掌握本地区品质特征就能区别之。地域香,即地方特有香气。如同是炒青绿茶有花粉香、嫩香、熟板栗香、兰花香等。同是红茶有蜜糖香、橘糖香、果香和玫瑰花香等地域性香气。附加香气,不但有茶叶本身香气,而且添加某种有利于提高茶叶香气的成分,如加窨的花茶,有茉莉花、珠兰花、玉兰花、桂花、玫瑰花、栀子花、木兰花和玳玳花等。

"异"指茶香不纯或沾染外来气味,轻的尚能嗅到茶香,重则异气为主。香气不纯如有烟焦、酸馊、霉陈、日晒、水闷、青草气等,还有鱼腥气、药气、木气、油气等。

2. 高低

香气高低可从以下六个字来区别,即浓、鲜、清、纯、平、粗。所谓"浓"指香气高,入鼻充沛有活力,刺激性强。"鲜"犹如呼吸新鲜空气,有醒神爽快之感。"清"则有清爽新鲜之感,其刺激性有强弱和感受快慢之分。"纯"指香气一般,无异杂气味。"平"

指香气平淡但无异杂气味。"粗"则感觉糙鼻或辛涩。

3.长短

长短即香气的持久性。香气纯正的以持久为好,嗅香时从开始热到冷都能嗅到表明香气长,反之则短。香气以高而长,鲜爽馥郁的好,高而短次之,低而粗又次之。凡有烟、焦、酸、馊、霉及其他异气的为低劣。

此外,花茶加评鲜灵度;小种红茶和部分黑茶加评松烟香;白茶加评毫香;普洱茶加评陈香。

五、滋味

茶叶是饮料,其饮用价值取决于滋味的好坏。审评滋味先要区别是否纯正,纯正的滋味区别其浓淡、强弱、鲜、爽、醇、和。不纯的区别其苦、涩、粗、异。

1.纯正

纯正指品质正常的茶应有的滋味。浓淡:"浓"指浸出的内含物丰富,汤中可溶性成分多,刺激性强,或富有收敛性;"淡"指内含物少,淡薄缺味。强弱:"强"指茶汤吮入口中感到刺激性强或收敛性强;"弱"指刺激性弱,吐出茶汤口中平淡。鲜爽:"鲜"似食新鲜水果感觉;"爽"指爽口,滋味与香气联系在一起,在尝味时可使香气从鼻中冲出,感到轻快爽适。醇与和:"醇"表示茶味尚浓,回味也爽,但刺激性欠强;"和"表示茶味平淡正常。

2.不纯正

不纯正表示滋味不正,或变质有异味,包括苦、涩、粗、异。其中苦味是茶汤滋味的特点,对苦味不能一概而论,应加以区别。如茶汤入口先微苦后回味甜,或饮茶入口,遍喉爽快,口中留有余甘这是好茶;先微苦后不苦也不甜者次之;先微苦后也苦又次之;先苦后更苦者最差。上述后两种味觉反应属苦味。

涩:似食生柿,有麻嘴、厚唇、紧舌之感。涩味轻重可从刺激的部位和范围大小来区别,涩味轻的在舌面两侧有感觉,重一点的整个舌面有麻木感。一般茶汤的涩味,最重的也只在口腔和舌面有反应,先有涩感后不涩的属于茶汤味的特点,不属于味涩,吐出茶汤仍有涩味才属涩味。涩味一方面表示品质老杂,另一方面是季节茶的标志。粗:粗老茶汤味在舌面感觉粗糙。异:属不正常滋味,如酸、馊、霉、焦味等。

六、叶底

干茶冲泡时吸水膨胀,芽叶摊展,叶质老嫩、色泽、匀度和鲜叶加工合理与否,在叶底中暴露和揭晓。看叶底主要依靠视觉和触觉,审评叶底的嫩度、色泽和匀度。

1.嫩度

嫩度以芽与嫩叶含量比例和叶质老嫩来衡量。芽以含量多、粗而长的好,细而短的差。但视品种和茶类要求不同,如碧螺春茶细嫩多芽,其芽细而短、茸毛多。病芽和驻芽都不好。叶质老嫩可从软硬度和有无弹性来区别:手指撳压叶底柔软,放手后不松起的嫩度好;硬、有弹性,放手后松起表示粗老。叶脉隆起触手的老,不隆起、平滑不触手的嫩。叶边缘锯齿状明显的老,反之为嫩。叶肉厚软为嫩,软薄者次之,硬薄者又次之。叶的大小与老嫩无关,因为大的叶片,嫩度好也是常见的。

2.色泽

色泽主要看色度和亮度,其含义与干茶色泽相同。审评时掌握本茶类应有的色泽和当年新茶的正常色泽。如绿茶叶底以嫩绿、黄绿、翠绿明亮者为优;深绿较差;暗绿带青张或红梗红叶者次;青蓝叶底为紫色芽叶制成,在绿茶中认为品质差。红茶叶底以红艳、红亮为优,红暗、青暗、乌暗花杂者差。

3.匀度

匀度主要从老嫩、大小、厚薄、色泽和整碎去看,上述因子都较接近,一致匀称的为匀度好,反之则差。匀度与采摘和初制技术有关。匀度是鉴定叶底品质的辅助因子,匀度好不等于嫩度好,不匀也不等于鲜叶老。粗老鲜叶制工好,也能使叶底匀称一致。再如鲜叶总嫩度是好的,但由于采制上的问题,叶底匀度差也是可能的。匀与不匀主要看芽叶组成和鲜叶加工合理与否。

审评叶底时还要注意看叶张舒展情况,是否掺杂等。如果因为制造时干燥、温度过高,使叶底缩紧,泡不开、不散条的为差;叶底摊开也不好。好的叶底应具备亮、嫩、厚、稍卷等几个或全部因子。次的为暗、老、薄、摊等几个或全部因子,有焦片、焦叶的更次,变质叶、烂叶为劣变茶。

❋ 第二章 茶叶品质形成及特征

第一节 茶叶品质形成

一、影响茶叶品质的主要因素

在茶叶制作方法上,影响茶叶品质最主要的因素是发酵、揉捻以及焙火。

1.茶色与香气

从茶树上摘下来的嫩叶称为"茶青",也就是鲜叶。茶青摘下来之后,首先要让它消失一些水分,称为"萎凋",然后就是发酵(其实是叶子的"渥堆"作用,俗称"发酵")。茶青发酵是经过萎凋的茶青所含的成分在空气中氧化而来的,发酵过程是影响茶叶品质的关键。茶叶经过发酵后,会从原来的碧绿色逐渐变红,发酵程度愈高,颜色愈红。

发酵也影响茶叶的香气,因不同的发酵程度而有不同的香气种类。不发酵的绿茶是茶香,是天然新鲜的香气;全发酵的红茶则是麦芽糖香;乌龙茶的发酵可以分为轻发酵(如包种茶)、中发酵(如冻顶茶、铁观音茶)和重发酵(如白毫乌龙茶),因此,乌龙茶类的香气可从花香、果香到熟果香都有。发酵程度的不同,对于茶的风味及香气有着很大的影响。

2.生茶与熟茶

初制完成后为了让茶叶成为更高级的商品,要拣去茶梗,然后再烘焙成为精制茶。焙火是茶叶制成之后用火慢慢地烘焙,使得茶叶从清香转为浓香。造成茶叶特性不同的要素,除了发酵之外就是焙火,焙火和发酵对于茶叶所产生的结果不尽相同,发酵影响茶汤颜色的深浅;焙火则关系到茶汤颜色的明亮度。焙火愈重,茶汤颜色变得愈暗,茶的风味也因此变得更老沉。

所谓生茶、熟茶,就是茶叶焙火的轻重。焙火轻的茶,或未经焙火的茶在感觉上比较清凉,俗称为生茶。焙火较重的茶在感觉上比较温暖,俗称熟茶。焙火影响到茶叶的品质特性,焙火愈重,则咖啡碱与茶单宁(多酚类)挥发得愈多,刺激性也就愈少。易失眠的人,可以喝焙火较重、发酵较多的熟茶。

二、茶叶品质的形成原理

1. 茶叶色泽的形成

茶叶的色泽分为干茶色泽、汤色、叶底色泽 3 个部分。色泽是鲜叶内含物质经过加工而发生不同程度的降解、氧化聚合变化的总反映。茶品色泽是茶叶命名和分类的重要依据,是分辨品质优次的重要因子,是茶叶主要品质特征之一。

(1)绿茶 杀青抑制了茶叶内酶的活性,阻止了内含物质反应,基本保持鲜叶固有的成分。因此形成了绿茶干茶、汤色、叶底都为绿色的"三绿"特征。

(2)红茶 红茶经过发酵,多酚类充分氧化成茶黄素和茶红素,因此茶汤和叶底都为红色。干茶因含水量低,为乌黑色。

(3)黄茶 黄茶在"闷黄"过程中产生了自动氧化,叶绿素被破坏,多酚类初步氧化成为茶黄素,因此形成了"三黄"的品质特征。

(4)白茶 白茶只萎凋而不揉捻,多酚类与酶接触较少,并没有充分氧化。而且白茶原料毫多而嫩,因此干茶和叶底都带银白色,茶汤带杏色。

(5)青茶 青茶经过做青,叶缘遭破坏而发酵,使叶底呈现出绿叶红边的特点,茶汤橙红,干茶色泽青褐。但发酵较轻的(如包种)色泽上与绿茶接近。

(6)黑茶 黑茶在"渥堆"过程中,叶绿素降解,多酚类氧化形成茶黄素、茶红素,以及大量的茶褐素,因此干茶为褐色,茶汤成红褐色,叶底为青褐色。

茶叶色泽品质的形成是品种、栽培、制造及储运等因素综合作用的结果。优良的品种、适宜的生态环境、合理的栽培措施、先进的加工技术、理想的储运条件是良好色泽形成的必备条件。影响色泽的因素主要有茶树品种、栽培条件、加工技术等。如茶树品种不同,叶子中所含的色素及其他成分也不同,使鲜叶呈现出深绿、黄绿、紫色等不同的颜色。深绿色鲜叶的叶绿素含量较高,如用来制绿茶,则具"三绿"的特点。浅绿色或黄绿色鲜叶,其叶绿素含量较低,适制性广,制红茶、黄茶、青茶,茶叶色泽均好。另外,栽培条件(如茶区纬度、海拔高度、季节、阴坡、阳坡和地势、地形,所受的光照条件)的不同,鲜叶中色素的形成不相同。土壤肥沃,有机质含量高,叶片肥厚,正常芽叶多,叶质柔软,持嫩性好,制成干茶色泽一致、油润。不同制茶工艺,可制出红、绿、青、黑、黄、白等不同的茶类,表明茶叶色泽形成与制茶关系密切。在鲜叶符合各类茶要求的前提下,制茶技术是形成茶叶色泽的关键。

2. 茶叶香气的形成

茶叶具有正常而特有的茶香,是内含各种香气成分比例恰当的综合反映。茶叶的香气种类虽然有 600 多种,但鲜叶原料中的香气成分并不多,因此,成品茶所呈现的香气特征大多是茶叶在加工过程中由其内含物发生反应而来。各类茶叶有各自的香气特点,是由于品种、栽培条件和鲜叶嫩度不同,经过不同制茶工艺,形成了各种香型不同的茶叶。

茶叶香气通过茶叶加工而挥发出来,鲜叶中青草气、青臭气较多,经过加工,叶内发生了一系列的生化反应,青草气等低沸点物质挥发,高沸点的芳香物质生成,形成茶叶的香气。已知茶叶香气成分有六七百种之多,不同香气成分组合形成了不同的香型。

一般来说,绿茶的典型香气是清香;红茶为甜香;嫩度高、毫多的茶具有嫩香、毫香;青茶、花茶和部分绿茶、红茶具有花香;闽北青茶、部分红茶具有果香;黑茶经过渥堆具有陈香;在干燥

28

过程中火温高,会形成火香,黄大茶、武夷岩茶等属于此类;在干燥过程中用松柴、松树枝叶熏烟的茶叶具有松烟香,如小种红茶、六堡茶等。

茶叶香气组成复杂,香气形成受许多因素的影响,不同茶类、不同产地的茶叶均具有各自独特的香气。如红茶香气常用"馥郁""鲜甜"来描述,而绿茶香气常用"鲜嫩""清香"来表达,不同产地茶叶所具有的独特的香气常用"地域香"来形容,如祁门红茶的"祁门香"等。总之,任何一种特有的香气是该茶所含芳香物质的综合表现,是品种、栽培技术、采摘质量、加工工艺及贮藏等因素综合影响的结果。

3. 茶叶滋味的形成

茶叶之所以具有饮用价值,主要体现于溶解在茶汤中对人体有益物质含量的多少,以及有味物质组成配比是否适合于消费者的要求。因此,茶汤滋味是组成茶叶品质的主要项目。茶叶滋味的化学组成较为复杂,各种呈味物质的种类、含量和比例构成了不同的滋味。茶叶中的呈味物质主要有以下几类。

(1)刺激性涩味物质 主要是多酚类。鲜叶中的多酚类含量占干物质的 30% 左右。其中儿茶素类物质所占百分比最高,儿茶素中酯型儿茶素含量占 80% 左右,具有较强的苦涩味,收敛性强,非酯型儿茶素含量不多,稍有涩味,收敛性弱,喝茶后有爽口的回味。黄酮类有苦涩味,自动氧化后涩味减弱。

苦味物质主要是咖啡碱、花青素、茶皂素、儿茶素、黄酮类。

(2)鲜爽味物质 主要是游离态的氨基酸类、茶黄素以及氨基酸、儿茶素、咖啡碱形成的络合物,茶汤中还存在可溶性的肽类和微量的核苷酸、琥珀酸等鲜味成分。氨基酸类中的茶氨酸具有鲜甜味,谷氨酸、天门冬氨酸具有酸鲜味。

(3)甜味物质 主要是可溶性糖类和部分氨基酸,如果糖、葡萄糖、甘氨酸等。糖类中的可溶性果胶具有黏稠性,可以增进茶汤的浓度和厚感,使滋味甘醇。甜味物质能在一定程度上削弱苦涩味。

(4)酸味物质 主要是部分氨基酸、有机酸、抗坏血酸、没食子酸、茶黄素和茶黄酸等。酸味物质是调节茶汤风味的要素之一。

以上不同类型的呈味物质在茶汤中的比例构成了茶汤滋味的类型,茶汤滋味的类型主要有浓烈型、浓强型、浓醇型、醇厚型、醇和型、平和型等。影响滋味的因素主要有品种、栽培条件、鲜叶质量等。不同的茶树品种其多种内含成分的含量明显不同,因为品种的一些特征、特性往往与物质代谢有着密切的关系,因而也就导致了不同品种在内含成分上的差异。栽培条件及管理措施合理与否直接影响茶树生长、鲜叶质量及内含物质的形成和积累,从而影响茶叶滋味品质的形成。如茶树在不同季节的鲜叶其内含成分含量的差异很大,制茶后滋味品质也明显不同。一般春茶滋味醇厚、鲜爽,尤其是早期春茶的滋味特别醇厚、鲜爽。

另外,鲜叶原料的老嫩度不同,内含呈味物质的含量不同。一般嫩度高的鲜叶内含物丰富,如多酚类、蛋白质、水浸出物、氨基酸、咖啡碱、水溶性果胶等的含量较高,且各种成分的比例协调,茶叶滋味较浓厚,回味好。

不同的茶叶滋味要求不同,一般小叶种绿茶滋味要求浓淡适中,南方的红茶、绿茶要求滋味浓强鲜,青茶滋味要求醇厚,白茶要求滋味清淡,黄茶滋味要清甜,黑茶要醇和。

4.茶叶形状的形成

茶叶的形状是组成茶叶品质的重要项目之一,也是区分茶叶品种花色的主要依据。茶叶形状包括干茶的形状和叶底的形状。

干茶形状类型:各种干茶的形状,根据茶树品种采制技术的不同,可分为条形、卷曲条形、圆珠形、扁形、针形等。

叶底形状类型:叶底即冲泡后的茶渣。茶叶在冲泡时吸收水分膨胀到鲜叶时的大小,比较直观,通过叶底可分辨茶叶的真假,还可以分辨茶树品种、栽培情况,并能观察到采制中的一些问题。再结合其他品质项目,可较全面地综合分析品质特点及影响因素。

（1）茶叶形状的形成　干茶形状和叶底形状的形成及优劣与制茶技术的关系极为密切。制法不同,茶叶形状各式各样,而同一类形状的茶,如条形茶、圆珠形茶、扁形茶、针形茶、片形茶、团块形茶、颗粒形茶等也会因各自加工技术掌握的好坏而使其形状品质差异很大。如几种茶叶形状的形成各有以下特色:

①条形茶:先经杀青或萎凋,使叶子散失部分水分,后经揉捻成条,再经解块、理条,最后烘干或炒干。

②圆珠形茶:经杀青、揉捻和初干使茶叶基本成条后,在斜锅中炒制,在相互挤压、推挤等力的作用下逐步造型,先炒三青做成虾形,接着做对锅使茶叶成圆茶坯,最后做大锅成为颗粒紧结的圆珠形。

③扁形茶:经杀青或揉捻后,采用压扁的手法使茶叶成为扁形。

④针形茶:经杀青后在平底锅或平底烘盒上搓揉紧条,搓揉时双手的手指并拢平直,使茶条从双手两侧平平落入平底锅或烘盒中,边搓条,边理直,边干燥,使茶条圆浑光滑挺直似针。

总之,不同的制法将形成不同的形状,有的干茶形状和叶底形状属同一类型,有的干茶形状属同一类型,而叶底形状却有很大的差别。如白牡丹、小兰花干茶形状都属花朵形,它们的叶底也都属花朵形;而珠茶、贡熙干茶同属圆珠形,但珠茶叶底芽叶完整成朵属花朵形,而贡熙茶叶底属半叶形。

（2）影响形状的因素　茶叶形状不同的原因,主要是制茶工艺造成的。但是,影响形状尤其是干茶形状的因素还很多,如茶树品种、采摘标准等,虽然它们不是形状形成的决定性因素,但对形状的优美和品质的形成都很重要,个别因素在某种程度上亦起着支配性的作用。

茶树品种不同,鲜叶的形状、叶质软硬、叶片的厚薄及茸毛的多少有明显的差别,鲜叶的内含成分也不尽相同。一般质地好,内含有效成分多的鲜叶原料,有利于制茶技术的发挥,有利于造型,尤其是以品种命名的茶叶,一定要用该品种鲜叶制作,才能形成其独有的形状特征。而栽培条件也直接影响茶树生长、叶片大小、质地软硬及内含的化学成分。鲜叶的质地及化学成分与茶叶形状品质有密切的关系。采摘嫩度直接决定了茶叶的老嫩,从而对茶叶的形状品质产生深刻的影响。嫩度高的鲜叶,由于其内含可溶性成分丰富,汁水多,水溶性果胶物质的含量高,纤维素含量低,使叶子的黏稠性高,黏合力大,有利于做形。如做条形茶则条索紧结,重实,有锋苗;做珠茶则颗粒细圆紧结,重实。

第二节　茶叶品质特征

一、绿茶品质特征

常见的绿茶包括洞庭碧螺春、西湖龙井、铁观音、大方、黄山毛峰、黄山情侣、龙神翠竹、陇南翠芽、陇南碧玉、碧峰龙井等。

不管是条形、曲形、扁形、针形、珠形还是其他花色的绿茶(如绿牡丹、白牡丹),其加工工艺基本相同。在揉捻、烘、炒等过程中,鲜叶与制茶机械(手工茶则是茶与手和工具)进行摩擦、挤压,以及叶子与叶子之间相互摩擦与挤压,产生了不同方向的作用力,从而就塑造了不同的绿茶形状。

绿茶总的品质特点是汤清叶绿。新鲜绿茶的外观色泽鲜绿、有光泽,闻有浓味茶香;泡出的茶汤色泽碧绿,有清香、兰花香、熟板栗香味等,滋味甘醇爽口,叶底鲜绿明亮。

从采摘时间来看,绿茶春茶品质最佳,夏茶次之,秋茶最差。而且同一季节,随着时令的不同,对于茶叶品质的形成影响也很大。明前茶好于雨前茶,雨前茶好于春尾茶。

根据不同的制作工艺,绿茶品质有所不同,具体如下。

1. 炒青绿茶

大众化非手工制作的炒青绿茶,色泽墨绿或深绿起霜,略显毫;内质汤色黄绿明亮,滋味鲜爽、浓厚回甘,叶底柔软,嫩绿。

2. 烘青绿茶

外形条索紧直、完整,显锋毫;色泽翠绿或黄绿油润;内质香气清高,汤色清澈明亮,滋味鲜醇,叶底匀整,嫩绿明亮。

3.晒青绿茶

比较典型的是云南晒青,又称"滇青",部分就地销售,部分再加工成压制茶后内销、边销或侨销;或经渥堆发酵压制成普洱茶。其品质特征是外形条索粗壮,有白毫,色泽深绿尚油润;内质香气高,汤色黄绿明亮,滋味浓尚醇,收敛性强,叶底肥厚。

4.蒸青绿茶

利用蒸汽热量来破坏鲜叶中酶活性,杀青完全、彻底,所以形成干茶色泽深绿、茶汤浅绿和叶底青绿的"三绿"品质特征,但香气带青气,涩味也较重,不及锅炒杀青鲜爽。

二、红茶品质特征

具有代表性的红茶品种有中国的祁门红茶、滇红、大吉岭红茶、斯里兰卡高地茶及肯尼亚红茶等。

鲜叶是成茶品质形成的基础。一般而言,叶色较浅、柔软,茶多酚含量高,氨基酸含量适中,酚氨比值大的大叶种鲜叶,较适制红茶。

红茶根据形状可分为颗粒状茶(红碎茶)和条形茶。其品质特征分别为:

1.红碎茶

红碎茶要求汤味浓、强、鲜,发酵程度偏轻。由于制法不同,红茶品质不一,但总的品质要求是外形匀整,粒型较小,净度好,内质汤色红艳,滋味浓强鲜爽,入口甘醇爽滑,香气高锐持久。

红碎茶分为四个花色。

叶茶:传统红碎茶的一种花色,条索紧结匀齐,色泽乌润,内质香气芬芳,汤色红亮,滋味醇厚,叶底红亮多嫩茎。

碎茶:外形颗粒重实匀齐,色泽乌润或泛棕,内质香气馥郁,汤色红艳,滋味浓强鲜爽,叶底红匀。

片茶:外形全部为木耳形的屑片或皱折角片,色泽乌褐,内质香气尚纯,汤色尚红,滋味尚浓略涩,叶底红匀。

末茶:外形全部为沙粒状末,色泽乌黑或灰褐,内质汤色深暗,香低味粗涩,叶底暗红。

2.红条茶

红条茶要求滋味醇厚带甜,发酵较充分,包括工夫红茶和小种红茶。小种红茶是我国福建特产,条形状实、紧结、匀整洁净,色泽乌黑油润,干闻具有特殊的松脂香和桂圆干香;从内质看,具有特有的高山韵和桂圆干味,耐冲泡,四五泡后各种特征仍然明显;汤色橙红、明亮、清澈,滋味醇厚,甘滑爽口,不苦不涩,回甘持久,无论清饮或加糖加奶用都很适宜。工夫红茶,外形条索紧结匀直,色泽乌润,毫金黄,内质香气馥郁,滋味甜醇,汤色红亮,叶底红明。

三、乌龙茶(青茶)品质特征

乌龙茶是一种半发酵茶,亦称青茶。其品质特征介于红茶和绿茶之间。外形条索粗壮,色泽青灰有光;内质香气馥郁芬芳,汤色清澈金黄,滋味浓醇鲜爽,叶底绿叶红镶边。

乌龙茶产于福建、广东、台湾三省,福建产量较多,品质也较好。乌龙茶品种花色很多,许多是以茶树品种为名,按茶树品种单独采制。福建乌龙茶分为闽南、闽北两个产区,闽南产区生产的有安溪铁观音、安溪色种、安溪乌龙等;闽北产区生产的有闽北水仙、闽北乌龙、岩水仙、岩奇种等。广东乌龙茶有凤凰单枞、水仙、乌龙、色种、浪莱等。台湾乌龙茶有台湾乌龙、台湾色种等。其中以崇安武夷岩茶、安溪铁观音的品质最优,是为名茶。每个品种的品质特征简介如下:

1.武夷岩茶

武夷岩茶是我国著称的名茶之一,有大岩茶、小岩茶、洲茶之分,以大岩茶为最佳。

(1)岩水仙　外形条索肥壮结实,叶端皱折扭曲,如蜻蜓头,色泽青翠黄绿、油润有光,具有"三节色"特征。内质香气浓郁清长、"岩韵"明显,滋味浓厚而醇、爽口回甘,汤色金黄浓艳,叶底绿叶红边,肥嫩明净。

(2)岩奇种 外形条索紧结,叶端皱折扭曲,色泽油润,具"三节色"的特征。内质香气清锐细长,"岩韵"显滋味醇厚,浓而不涩,醇而不淡,回味清甘,汤色清澈呈浅橙红色,叶底绿叶红边,柔软匀齐。

2. 闽北乌龙茶

(1)闽北水仙 外形条索紧细重实,叶端扭曲,色泽乌润、枝梗、黄片少,无夹杂物。内质香气浓郁,具有兰花清香,滋味醇厚鲜爽回甘,汤色清澈呈橙黄色,叶底肥软黄亮,红边鲜艳。

(2)闽北乌龙 外形条索细紧重实,叶端扭曲,色泽乌润、枝梗少,无夹杂物。内质香气清高细长,滋味醇厚鲜爽,汤色清澈呈金黄色,叶底绿叶红边,匀整柔软。

3. 闽南乌龙茶

(1)安溪铁观音 外形条索肥壮、紧结、卷曲,多呈螺旋形,身骨沉重,色泽油润,带砂绿,红点明,俗有"青蒂、绿腹、蜻蜓头"之称。内质香气浓郁清长;"音韵"(品质特征)明显,滋味醇厚甜鲜,入口微苦,瞬即转甜,稍带蜜味,汤色金黄清亮,叶底肥软、亮,红边均匀,耐冲泡,是乌龙茶类中的极品。

(2)安溪色种 由奇兰、梅占、毛蟹、香橼等多品种的茶树鲜叶混合制成。外形条索紧结、卷曲、匀净,色泽油润,红点明。内质香气清纯,滋味醇厚,各品种特征明显,汤色金黄,叶底软亮,发酵均匀。

(3)安溪乌龙 外形条索紧结、细小,色泽乌润,香气清高,特征明显(俗称"香线"味),滋味浓醇,汤色黄明,叶底软亮,发酵均匀。

4. 广东乌龙

其主要产区为潮安、饶平、陆丰等县。

(1)凤凰单枞 外形条索卷曲、紧结、肥壮,色泽青褐油润而索红线。内质香气浓,有自然的花香,滋味醇厚,鲜爽回甘,汤色黄艳带绿,叶底柔嫩。绿叶红边,耐冲泡,冲泡多次尚有余香。

(2)饶平乌龙　外形条索紧结秀匀,色泽砂绿鲜润。内质香气清细有花香,滋味醇厚鲜爽,汤色橙黄清澈,叶底匀亮开展,叶缘银朱色,叶中浅黄色。较耐冲泡,具有独特风味。

四、黄茶品质特征

黄茶花色品种较多,包括湖南君山银针、四川蒙顶黄芽、安徽霍山黄芽、湖北鹿苑茶等。

黄茶初制方法近似绿茶,只是在揉捻前后或初烘后增加"闷黄"工序。在湿热条件下闷堆发热,促使茶多酚自动氧化,叶绿素分解,香味变甜熟。由于"闷黄"工序的存在,使黄茶形成了干茶色泽金黄、汤色杏黄、叶底嫩黄的"三黄"品质特征。

黄茶按鲜叶老嫩可分为黄芽茶、黄小茶和黄大茶三类。各类黄茶具体品质特征如下。

1. 黄芽茶

(1)君山银针　由未展开的肥嫩芽头制成,产于湖南岳阳城西洞庭湖中的君山岛。芽头壮实,挺秀笔直,色泽金黄光亮,称"金镶玉",茸毫披露,汤色鹅黄明亮,冲泡后芽尖冲向水面,悬浮竖立,随后徐徐下沉于杯底。香气甜熟,滋味甜醇柔和,叶底全芽肥嫩、杏黄。

(2)蒙顶黄芽　产于四川名山县。每 500 g 鲜叶约有10 000 个芽头。外形芽叶整齐,形状扁直,肥嫩多毫,色泽金黄;内质香气清纯,汤色黄亮,滋味甘醇,叶底嫩匀,黄绿明亮。

(3)莫干黄芽　产于浙江德清县莫干山。外形紧细匀齐略曲,茸毛显露,色泽黄绿油润;内质香气嫩香持久,汤色橙黄明亮,滋味醇爽可口,叶底幼嫩似莲心。

2. 黄小茶

(1)沩山毛尖　产于湖南宁乡县沩山。叶边微卷呈条块状,金毫显露,嫩黄油润;有浓厚的松烟香,汤色杏黄明亮,滋味甜醇爽口,叶底芽叶肥厚。

(2)北港毛尖　产于湖南省岳阳北港。条索紧结重实卷曲,白毫显露,色泽金黄;香气清高,汤色杏黄明亮,滋味醇厚,冲三四次后尚有余味。

（3）远安鹿苑茶　产于湖北省远安县鹿苑寺一带。其外形条索紧结卷折呈环状,略带鱼子泡,锋毫显露;内质香高持久,有熟栗子香,汤色黄亮,滋味鲜醇回甘,叶底肥嫩匀齐明亮。

3.黄大茶

（1）霍山黄大茶　一芽四五叶。初制为杀青与揉捻、初烘、堆积、烘焙等。外形叶大梗长,梗叶相连,色泽黄褐鲜润;香气有突出的高爽焦香,似锅巴香,汤色深黄明亮,滋味浓厚,耐冲泡,叶底黄亮。

（2）广东大叶青　以大叶种鲜叶为原料,采摘标准一芽三四叶。条索肥壮卷曲,身骨重实,老嫩均匀,显毫,色泽青润带黄或青褐色;香气纯正,汤色深黄明亮,浓醇回甘,叶底浅黄色,芽叶完整。

五、白茶品质特征

白茶是我国特产,是世界上享有盛誉的茶中珍品,主产于福建、广东等省,台湾也有少量生产。

白茶采用优良品种大白树上的细嫩芽叶为原料,利用日光萎凋,低温烘干,不经炒揉的特异精细的方法加工而成。白茶最主要的品质是毫色银白,素有"绿妆素裹"之美感,且芽头肥壮,汤色黄亮,滋味鲜醇,叶底嫩匀。冲泡后品尝,滋味鲜醇可口。

白茶有芽茶和叶茶之分,单芽制成的称"银针",叶片制成的称"寿眉",芽叶不分离的称"白牡丹"。

品质好的白毫银针茶,外形条索肥壮挺直毫密,色泽银白闪亮,整齐洁净,内质香气清高,毫香持久,鲜醇嫩爽,汤色杏黄清澈,叶底幼嫩肥软匀亮。

贡眉（寿眉）茶外形毫心多较肥壮,叶张稍肥嫩,芽叶连枝,叶整紧卷如眉,匀整,破张少,灰绿或墨绿,色泽调和,洁净,无老梗、朳及蜡叶,内质香气清纯,毫香显,汤色浅橙黄,清澈,滋味清甜醇爽,叶底柔软、嫩亮、毫芽多。

白牡丹茶外形叶张肥嫩,毫心肥壮,叶态伸展,芽叶连枝,叶缘垂卷,破张少、匀整,色泽灰绿,毫色银白,洁净,无老梗、枳及蜡叶,内质香气清鲜纯正,毫香浓显,汤色淡杏黄,清澈,滋味清醇清甜,嫩匀,叶底叶色黄绿,叶脉红褐,叶质柔软鲜亮。

新工艺白茶外形条索粗松尚卷曲,褐绿色,匀整,洁净,有嫩梗,内质香气略显板栗香,醇厚爽适,汤色橙而清澈,叶底匀整舒展。

六、黑茶品质特征

黑茶主要产地是湖南、广西、湖北、云南和广东,名气大的有安化黑茶、六堡茶、赵李桥茶、普洱茶、菊普茶和藏茶。黑茶采用的原料较粗老,是压制紧压茶的主要原料。黑茶的特色工序是"渥堆",就是揉捻后湿坯堆积发酵,经过一段时间多酚类物质氧化后,一方面使鲜叶的绿色褪变成黄褐色;另一方面可以除去涩味,使滋味醇厚。

总体而言,黑茶的品质特征为外形黑润,汤色褐黄或褐红,香气有樟香、槟榔香和清香,滋味醇厚不涩,叶底黄褐粗老——黑茶加工要求鲜叶有一定成熟度,一般为一芽三四叶或一芽五六叶。黑茶较为耐藏,品质越陈越优,药理作用也越好。

各类黑茶具体品质特征如下:

1. 三尖

(1)天尖 天尖是用一级黑毛茶压制而成的,外形色泽乌润,内质香气清香,滋味浓厚,汤色橙黄,叶底黄褐。

(2)贡尖 贡尖是用二级黑毛茶压制而成的,外形色泽黑带褐,香气纯正,滋味醇和,汤色稍橙黄,叶底黄褐带暗。

(3)生尖 生尖是用三级黑毛茶压制而成的,外形色泽黑褐,香气平淡,稍带焦香,滋味尚浓微涩,汤色暗褐,叶底黑褐粗老。

2. 黑砖

用黑毛茶作原料,色泽黑润,成品块状如砖,每块重 2 kg,呈长方砖块形,长 35 cm,宽 18.5 cm,厚 3.5 cm。砖面平整光滑,棱角分明;茶叶香气纯正,汤色黄红稍褐,滋味较浓醇。该品为半发酵茶,去除鲜叶中的青草气,加以砖身紧实,不易受潮霉变,收藏数年仍不变味,且越陈越好,适于烹煮饮用,尚可加入乳品和食糖调饮。

3.花砖

"花砖"历史上叫"花卷",1958 年"花卷"改制成为长方形砖茶。规格为 35 cm×18 cm×3.5 cm。正面边有花纹,砖面色泽黑褐,内质香气纯正,滋味浓厚微涩,汤色红黄,叶底老嫩匀称。

4.青砖茶

色泽青褐,香气纯正,滋味尚浓无青气,水色红黄尚明,叶底暗黑粗老。青砖茶的用料分洒面、二面和里茶三个部分。其中洒面、二面为面层部分,色泽为棕色,茶汁味浓可口,香气独特,回甘隽永。洒面、二面之间即为里茶,色泽青褐,香气纯正,汤色红黄,滋味香浓。

七、再加工(深加工)茶品质特征

我国六大茶类的毛茶或精茶经再加工(深加工),其产品外形或内质与原产品有区别称为再加工(深加工)茶。目前产品有花茶、压制茶、袋泡茶、速溶茶和茶饮料等。

(一)花茶

花茶又称熏制茶,或称香片。主产区 20 世纪 80 年代原有江苏的苏州、福建的福州、浙江的金华三大花茶厂及湖南的长沙、安徽的歙县等。现广西、广东、四川、重庆市均生产花茶。用于窨花的鲜花种类有茉莉花、珠兰花、白兰花、玳玳花、玫瑰花、桂花、树兰(米兰)、栀子花等。用于窨制的素坯绿茶主要是烘青;也有少数用炒青、晒青、特种茶及颗粒绿茶、红茶等作为花茶素坯的。花茶品质特征具有芬芳的花香和醇厚鲜爽的花茶味。

1.茉莉花茶

茉莉花茶是我国花茶中的最主要的产品,产于广西、福建、广东、浙江、江苏、安徽、四川、重庆、湖南、台湾等省(自治区、直辖市)。茉莉花茶的品质特点是香气芬芳高雅、细锐而鲜灵,汤味中余香悠长。茉莉花茶因所采用窨制的茶坯不同,命名也不同,有茉莉烘青、花龙井、花大方、特种茉莉花茶等。

(1)茉莉烘青　茉莉花茶中的主要产品。高档外形条索紧细匀整,略有嫩茎,色泽深绿匀润,有白毫;内质汤色绿黄明亮,香气浓郁芬芳、鲜灵、纯正持久,滋味醇厚鲜爽,味中花香显。一级香气鲜灵、浓、纯正;二级香气较鲜灵、纯、浓;三级纯正尚鲜灵、浓;四级尚浓、稍鲜灵、纯正;五级稍浓、鲜、纯正。

(2)特种茉莉花茶　窨制特种绿茶。加工精细,窨花次数较一般素坯多,有"四窨一提"至"七窨一提"窨制而成的特种茶。品种有茉莉苏萌毫、茉莉茗眉、茉莉顶谷大方、茉莉黄山芽、茉莉大白毫、茉莉龙团、茉莉龙珠、茉莉毛尖等。

2.珠兰花茶

珠兰花茶主产于安徽歙县,其次产于福建漳州、广东广州;在浙江、江苏、四川也有少量生产。珠兰花茶香气清细幽雅,滋味醇爽,回味甘永。珠兰花茶根据所采用的原料分为珠兰烘青、珠兰黄山芽和珠兰大方。

(1)珠兰烘青　珠兰花茶中的主要产品。品质特征为条索较紧细匀整,色泽深绿稍褐较润,稍花渣、嫩茎;汤色绿黄明亮,香气清雅尚鲜、浓、纯正持久,滋味醇厚鲜爽,叶底绿黄明亮、嫩匀。

(2)珠兰黄山芽　条索细紧,锋苗显,色泽深绿油润,白毫显露,有花干;汤色浅黄明亮,香气幽雅芳香持久,滋味鲜嫩较醇厚,叶底柔嫩均匀。

(3)珠兰大方　外形扁平匀齐,有较多棱角,色绿微褐黄光润;内质汤色黄亮,香气清雅持久,滋味醇较厚爽,叶底厚软成朵。

3.白兰花茶

除茉莉花茶外的又一大宗产品。主产于广州、福州、苏州、金华、成都等地。产品主要是白兰烘青。品质特征为外形条索紧实,色泽绿尚润;内质汤色绿明亮,香气鲜灵、浓郁、纯正,滋味浓尚醇爽,叶底软匀。

4.桂花茶

产于广西桂林、湖北咸宁、四川成都、浙江杭州、重庆等地。根据所采用的茶坯不同可分为桂花烘青、乌龙、龙井、红碎茶等。桂花茶香气浓郁而高雅持久。

5.玫瑰花茶

产于广东、福建、浙江等省。产品有玫瑰红茶和玫瑰绿茶。其成品茶特点为香气甜香浓郁扑鼻,滋味甘美。

(二)压制茶

压制茶又称紧压茶。由毛茶加工后压制而成。根据加工工艺分篓装黑茶和压制茶两类。

1.篓装黑茶

一般将整理后的原料用高压蒸汽蒸软,装入篓内压实而成。产品有湖南湘尖、广西六堡茶和四川方包茶等。

(1)湘尖　产于湖南省安化县。产品分为1~3号。即天尖、贡尖、生尖。湘尖1号不蒸,拼配装入篾篓压包再自然干燥。外形体积为58 cm×35 cm×50 cm篓包,质量为50 kg、45 kg、40 kg。品质特征为条索尚紧,色泽黑褐油润;内质汤色红浓明亮。香气清纯带松烟香,滋味醇厚滑口,叶底黄褐较嫩匀。

(2)六堡茶　成品直径53 cm,高57 cm,圆柱形。1~5级每篓分别为55 kg、50 kg、45 kg、40 kg、37.5 kg。品质特征为外形条索结成块状,色泽黑褐较润;内质汤色红浓带紫,香气醇陈似槟榔香(陈气带松烟香),滋味醇厚清凉爽口,叶底暗褐较嫩匀。

(3)方包茶　又称马茶,产于四川省,属西路边茶。制作方法是将原料茶筑制在长方形篾包中。其品质特点是梗多叶少,色泽黄褐;内质汤色深红略暗,香气带强烈的烟焦味,滋味和淡,叶底粗老黄褐。

另还有四川南路边茶的康砖、金尖茶。

2.压制茶

将整理后的毛茶采用高压蒸汽蒸软。放入模盒内紧压成砖形或其他形状。

(1)压制黑茶 由黑毛茶原料压制而成。成品有砖茶、紧茶、圆茶、饼茶、普洱沱茶等。砖茶又分黑砖、花砖、茯砖、青砖茶。

①茯砖茶:茯砖茶是边疆地区需要较多的一种成品茶,分特制茯砖和普通茯砖两种产品。其压制工艺较其他茶不同。经过发花过程,粗涩味消失而产生一种特殊的香味。产地有湖南益阳、四川北川等地,以湖南品质最好。其规格为 35 cm×18.5 cm×5 cm,净重 2 kg。砖面平整、稍松,棱角分明,厚薄一致,色泽黄褐,砖内金花普遍茂盛;内质汤色橙红明亮,香气有纯正的黄花清香,滋味醇尚厚甘爽,叶底栗褐较粗老。

②普洱沱茶:产于云南省。碗臼状。外形端正、紧结,色泽棕褐,白毫显;内质汤色红浓明亮,香气为有特殊的醇陈香。滋味醇厚甘和,叶底棕褐嫩匀。

(2)压制绿茶 由绿毛茶原料压制而成。产品有重庆沱茶、云南沱茶、普洱沱茶等。

云南沱茶产于云南省。碗臼状。外形端正、紧实、光滑,色泽墨绿,白毫显露;内质汤色橙黄明亮,香气纯浓,滋味浓厚,叶底嫩匀尚亮。

重庆沱茶与云南沱茶相似。品质稍逊于云南沱茶。

(3)压制红茶 由红茶末压制而成。产品主要是湖北赵李桥米砖。砖块规格为 24 cm×19 cm×2.4 cm,净重 1 125 g。外形棱角分明,砖面图案清晰,精致美观,四角平整、紧实,厚薄一致,色泽乌褐光润;内质汤色深红,香气纯和,滋味浓而略涩,叶底红暗。

(三)袋泡茶

袋泡茶源于 20 世纪初,是由特种长纤维包装而成的,由于所采用的特种长纤维种类不同,袋泡茶可分为热封型和冷封型两种。由于袋泡茶的原料不同,可分为袋泡绿茶、红茶、乌龙和保健茶等。

其质量要求:外观特性——内外袋包装要齐全;图案、文字清晰;纸质好,内袋长纤维特种滤纸,网眼分布均匀、大小一致,滤纸封口完整,用纯棉本白线作提线,线端有品牌标签且牢固。内质要求——汤色符合原茶色型,要明亮鲜活,香气具原茶的纯正香气,且高爽持久,滋味有原茶的风味特征,内袋完好无损,茶渣不泄出,提线不脱离。

(四)速溶茶

速溶茶,又称萃取茶、茶精。20 世纪 40 年代始于英国,我国 20 世纪 70 年代开始生产。其主要加工工艺为提取、浓缩、干燥,产品外形呈颗粒状、碎片状,易吸潮,冲泡后无茶渣,香味不及普通茶鲜爽浓醇。

根据是否调香,速溶茶分纯茶味和调味速溶茶(添加果香味茶)两种。其质量要求:含水量 2%～3%;一般密度为 0.06～0.17 g/mL。外观特性——颗粒状大小均匀呈空心疏松状态,互不黏结;装入容器内具流动性,无裂崩现象;碎片状要片茶卷曲,不重叠;最佳的颗粒直径为 200～500 μm,具 200 μm 以上的需达 80%,150 μm 以下的不能超过 10%,密度 0.13 g/mL 最佳;色泽,速溶红茶为红黄、红棕或红褐色,速溶绿茶呈黄绿色或黄色,均鲜活有光泽。内质要求——冲泡 3 min 速溶性好,指 10℃以下冷溶性和 40～60℃热溶性的迅速溶解特性,溶解后无浮面、沉淀现象,汤色绿茶黄绿明亮,红茶红黄、红棕明亮,香味具原茶风格,有鲜爽感,香味正常,无酸馊气、热汤味及其他异味,调味速溶茶按添加剂不同而异。要有茶味,酸甜适中,不能有其他化学合成的香精气味。

(五)茶软饮料

茶软饮料是指含有茶的成分在内的各种液态饮料。

产品根据是否添加其他成分,分纯茶软饮料和调味茶软饮料。纯茶软饮料是指纯茶味的红茶水饮料、绿茶水饮料、乌龙茶水饮料;调味茶软饮料根据所添加的成分,又可分为果味茶水饮料、果汁茶水饮料、柠檬酸或乳酸茶水饮料、奶味茶水饮料、其他茶水饮料。

包装形式有罐装、利乐宝包装、强化聚乙烯瓶和玻璃瓶等。

包装要求：必须标明茶叶名称、配料表、企业标准代号、产品标准号、容量、生产日期、保质期、卫生许可证、生产厂家及厂址。茶汤饮料应标明"无糖"或"低糖"；花茶应标明茶坯类型；淡茶型应标明"淡茶型"；果汁茶水饮料应标明果汁含量；奶味茶水应标明蛋白的含量。

其品质要求：茶汤饮料外观透明，允许稍有沉淀，色泽具有原茶类应有的色泽，香气和滋味具有原茶类应有的香气和滋味；果味茶水饮料外观清澈透明，允许稍有浑浊和沉淀，呈茶汤和类似某种果汁应有的混合色泽，具有类似某种果汁和茶汤的混合香气和滋味，香气柔和，甜酸适口；果汁茶水饮料外观透明或略带浑浊，允许稍有沉淀，呈茶汤和类似某种果汁应有的混合色泽，具有某种果汁和茶汤的混合香气和滋味，酸甜适口；碳酸茶水饮料外观透明，允许稍有浑浊和沉淀，色泽具有原茶类应有的色泽，香气和滋味具有品种特征应有的香气和滋味，酸甜适口，香气柔和，有清凉刹口感；奶味茶水饮料外观允许有少量沉淀，振摇后仍呈均匀状乳浊液，色泽呈浅黄或浅棕色的乳液，香气和滋味具有茶和奶混合的香气和滋味；其他茶水饮料外观透明或略带浑浊允许稍有沉淀，色泽具有品种特征性应有的色泽，香气和滋味具有品种特征性应有的香气和滋味，无异味，味感纯正，饮料中均无肉眼可见的外来杂质。

第三章 茶叶标准

第一节 标准基础知识

一、标准与标准化

什么是标准？标准在《辞海》中的定义是：衡量事物的准则；本身合于准则可供同类事物比较核对的事物；榜样、规范。标准涵盖范畴很广，比如哲学范畴、社会学范畴、自然科学范畴等，我们在此所讲的标准，通常指技术范畴的标准，也就是国家标准《标准化工作指南 第1部分：标准化和相关活动的通用词汇》（GB/T 20000.1—2014）对标准的定义：标准即为了在一定范围内获得最佳秩序，经协商一致制定并由公认机构批准，共同使用的和重复使用的一种规范性文件。在国际上，国际标准化组织（ISO）的标准化原理研究常设委员会（STACO）以指南的形式规定了统一的标准定义：标准是由一个公认的机构制定和批准的文件，它对活动或活动的结果规定了规则、导则或特殊值，供共同和反复使用，以实现在预定领域内最佳秩序的效果。标准应以科学技术的综合成果为基础，以促进最佳的共同效益为目的。

什么是标准化？《标准化工作指南 第1部分：标准化和相关活动的通用词汇》（GB/T 20000.1—2014）中对标准化的定义是：为了在一定范围内获得最佳秩序，对现实问题或潜在问题制定共同使用和重复使用的条款的活动。包括对标准的制定、发布、实施和监督管理全过程。标准化的重要意义在于改进产品、过程和服务的适用性,防止贸易壁垒,促进技术合作。标准化的基本特性主要有:抽象性、技术性、经济性、连续性或继承性、约束性、政策性。

就农业而言,标准化对农业现代化发展有重要的指向性作用,为科学管理奠定基础。科学管理就是依据生产技术的发展规律和客观经济规律来进行管理,科学管理体系的形式,都是以标准化为基础,不断完善和发展。标准化能够促进技术、经济协调发展,全面提升经济效益和管理水平。标准化应用于科学研究,可以避免在研究上的重复劳动;应用于产品研发,可以缩短开发设计周期;应用于生产,可使生产秩序有条不紊,规范操作,保证产品质量;应用于管理,可促进统一、协调、高效。标准化是科研、生产、消费者之间的桥梁,科研成果如果纳入相应标准,就能迅速促进技术进步,得到广泛的应用推广。随着科学技术的发展,生产社会化程度越来越高,规模越来越大,技术越来越集成,分工越来越具体,协作越来越广泛,这就必须通过制定和使用标准,来保证生产活动组织的高度统一和协调配合,标准化提供组织体系现代化手段,促进对自然资源的合理利用,保持生态平衡,维护人类社会当前和长远的利益。标准化可以消除贸易障碍,促进国际技术交流和贸易发展,提高产品在国际市场上的竞争力。大量的安全标准、卫生标准、环保标准颁布后,用法律法规形式强制执行,标准化对保障人民身体健康和生命财产安全具有重大作用。

二、标准的分类

标准种类根据不同的分类依据,分类方法不同。按效力等级来分类有:强制性标准和推荐性标准;按技术内容来分类有:基础标准、产品标准、方法标准;按照制定主体来分类有:国家标准、行业标准、地方标准和企业标准;按照实施范围来分类有:国内标准、国际标准、国外标准。为了清晰明了起见,便于简明阐述,依据标准的实施范围的不同,重点介绍国内标准、国际标准和国外标准。

1. 国内标准

国内标准是指依据《中华人民共和国标准化法》《中华人民共和国标准化法实施条例》颁布实施的标准。国内标准按照我国标准颁布主体和适用范围来分类有:国家标准、行业标准、地方标准、企业标准。国家标准由国务院标准化行政主管部门制定。行业标准由国务院有关行政主管部门制定,并报国务院标准化行政主管部门备案。地方标准由省级地方政府有关行政主管部门制定,并报国务院标准化行政主管部门和国务院有关行政主管部门备案。企业标准分为两种情况:一种情况是企业生产经营的产品已经颁布了国家标准或行业标准、地方标准,企业根据自身生产管理和市场需求,鼓励制定严于这些标准要求的企业标准在内部适用;另一种情况是在尚无国家标准、行业标准或地方标准的情况下,应当由企业制定相应的企业产品标准。作为企业自身组织生产和判定产品质量的依据,企业产品标准须在标准批准发布后 30 d 内报当地政府标准化行政主管部门和有关行政主管部门备案。在我国,强制性国家标准是最高效力等级的标准,其次是强制性行业标准和强制性地方标准。任何标准使用单位必须遵循达到强制性标准规定的最低要求,否则技术不达标、产品不合格,违反国家法律法规、部门规章或地方法规,是违规甚至违法、犯罪行为,必受执法惩处。

2. 国际标准

国际标准是由国际标准化组织制定或被国际标准化组织确认并公布的其他国际组织制定的标准。与茶叶相关的国际标准主要有:ISO 标准、CAC 标准、FAO 标准等。ISO 标准是由国际标准化组织理事会审查并由中央秘书处颁布的标准;CAC 标准是由国际食品法典委员会制定颁布的标准;FAO 标准是由联合国粮食及农业组织制定颁布的标准。需要理解的是,标准之间有时联系非常紧密,一个国家(或地区)有时通过赞成国际标准的形式,来把国际标准作为自己的国家(或地区)标准。

3.国外标准

国外标准可以分为区域标准、颁布国(或地区)标准等。区域标准是由国家联盟标准化组织颁布的标准,如欧盟标准(EU)。颁布国(或地区)标准是指由一个国家(或地区)颁布的标准,如英国国家标准(BS)、印度国家标准(IS)。在产品出口方面,产品出口国企业,为了达到出口目的,所生产产品在符合本国国内标准的同时,并把出口目的国的产品标准作为企业产品标准,以达到进口国产品质量检验符合要求。

三、茶叶相关标准

1.茶叶国内标准

我国茶叶相关标准从茶树种苗开始涵盖了茶叶生产、加工、包装、贮藏、运输、进出口和产品检测检验全过程,构成了我国相对比较完善的茶叶标准体系。主要涉及标准:茶叶相关国家标准(GB)、茶叶相关行业标准(NY、SN 等)、茶叶相关地方标准(DB)、茶叶企业标准(Q/)。茶叶相关国内各种标准有近 500 项。

(1)茶叶相关国家标准(GB) 茶叶相关国家标准(GB)是由全国茶叶标准化技术委员会或其他技术委员会、技术归口单位提出,经国家标准化管理委员会审定发布的茶叶相关标准。据不完全统计,截至 2013 年年底,与茶叶直接相关的现行国家标准大致有 103 项,其中强制性国家标准有 11 项,推荐性国家标准有 92 项。茶叶相关强制性国家标准主要涉及了茶树种苗、茶籽油、食品安全卫生指标、预包装特殊膳食用食品标签等;茶叶相关推荐性国家标准主要是红茶、绿茶、紧压茶和地理标志等产品、质量审评、检验检测方法标准以及GB/T 20014.12—2013《良好农业规范　第 12 部分：茶叶控制点与符合性规范》认证管理标准。

（2）茶叶相关行业标准（NY、SN 等）　茶叶相关行业标准是由国务院行业主管部门制定颁布的茶叶相关标准。例如，茶叶相关农业行业标准（NY）、茶叶相关出入境检验检疫行业标准（SN）、茶叶相关海关行业标准（HS）等行业标准代码。至 2013 年年底，现行茶叶相关行业标准不完全统计至少有 96 项，其中强制性行业标准有 10 项，推荐性行业标准有 86 项。茶叶相关强制性行业标准主要涉及了无公害、有机茶及产地环境条件、重金属限量、部分农药残留量的检测方法和食品添加剂茶多酚等；茶叶相关推荐性行业标准主要有茶园病虫害防治及生产、加工技术管理。茶树修剪、鲜叶采摘、加工等机械，有关茶叶产品及分级、包装、储藏、运输和进出口检验等。

（3）茶叶相关地方标准（DB）　茶叶相关地方标准（DB）是由各省（自治区、直辖市）制定颁布的茶叶相关标准。我国茶叶相关地方标准（DB）有近 300 项。我国所有产茶省份几乎都制定颁布了本省（自治区、直辖市）的地方标准，尤其是产茶大省（自治区、直辖市），茶叶相关地方标准数量大、种类多、内容细，地方特色较明显，是对我国茶叶相关国家标准、行业标准的很好补充，对建立和完善我国茶叶标准体系，加速推进我国茶叶标准化进程，起到了不可缺少的重要作用。

（4）茶叶企业标准（Q/）　茶叶企业标准（Q/）是由茶叶企业制定颁布的茶叶产品标准。茶叶企业在执行茶叶相关国家标准、行业标准或地方标准过程中，国家鼓励制定严于这些标准要求的企业标准在茶叶企业内部适用；在尚无国家标准、行业标准或地方标准的情况下，茶叶企业应当制定并向有关部门备案相应的茶叶产品标准，作为企业自身组织生产和判定产品质量是否合格的依据。由此可见，茶叶企业标准在提升茶叶标准化水平、开发茶新产品和建设现代化茶叶企业的发展进程中，具有推动创新的重要意义。

2.茶叶国际标准

茶叶国际标准是为了适应茶叶国际贸易需要而产生,目的是建立茶叶国际贸易各参与方都应遵循的市场秩序,促进贸易发展。茶叶国际标准主要是针对茶产品质量以及安全卫生检测而制定的基础标准、质量标准、方法标准。

(1)茶叶 ISO 标准 国际标准化组织(International Organization for Standardization,ISO),是一个全球性的非政府组织。ISO 是国际标准化领域中一个十分重要的组织,其任务是促进全球范围内的标准化及其有关活动,以利于国际间产品与服务的交流以及在知识、科学、技术和经济活动中发展国际间的相互合作。ISO 现有一百多个成员,中国是成员之一,由国家标准化管理委员会作为中国代表参加 ISO 活动。

茶叶 ISO 标准是由国际标准化组织农业食品技术委员会茶叶分技术委员会(ISO/TC 34/SC 8)负责组织制定并由国际标准化组织对外颁布的标准。茶叶 ISO 标准共有 24 项,其中方法标准 17 项、质量标准 4 项、基础标准 3 项。在 20 世纪 60 年代末至 70 年代,茶叶国际贸易以红茶、速溶茶产品为主,近年后续发展增加了绿茶产品,茶叶 ISO 标准主要是围绕这些茶产品来组织制定,内容要求包括术语、分级、操作、运输和贮存等。产品质量侧重于保障茶叶的理化品质指标,设置了相应的分析方法,均不涉及茶叶安全质量标准。红茶、速溶茶 ISO 标准比较细致而全面,绿茶 ISO 标准起步较晚、有待完善。红茶的品质要求主要集中在 ISO 3720 标准中,共有 30 多个国家赞成并完全采用这一标准,其中包括印度、斯里兰卡、肯尼亚等世界茶叶主要出口国以及英国等主要进口国。我国对茶叶 ISO 标准修改采用 8 项,非等效采用 1 项。

(2)茶叶 CAC 标准 国际食品法典委员会(Codex Alimentarius Commission,CAC)是由联合国粮农组织(Food and Agriculture Organization of the United Nations,FAO)和世界卫生组织(World Health Organization,WHO)共同建立,是以保障消费者的健康和确保食品贸易公平为宗旨的一个制定国际食品标准的政府间组织。自 1961 年第 11 届粮农组织大会和 1963 年第 16 届世界卫生大会分别通过了创建 CAC 的决议以来,已有 173 个成员国和 1 个成员国组织(欧盟)加入该组织,中国是成员国之一,覆盖全球 98% 的人口。

茶叶 CAC 标准是由国际食品法典委员会制定且被世界各国普遍认可的与茶叶相关的食品安全标准。茶叶在 CAC 标准分类中属于天然饮料类,农药残留限量、食品污染物、添加剂评估和限量,参照执行天然饮料标准。茶叶 CAC 标准共涉及 5 项,其中方法标准 4 项、安全质量标准 1 项。我国在参照 CAC 标准基础上,结合我国农药使用情况,先后制定了 22 种农药最高残留限量指标,其中相同项目严于 CAC 标准指标的有 4 项,等同的有 2 项,我国茶叶标准指标整体上严于茶叶 CAC 标准。

(3)茶叶 FAO 标准 联合国粮食及农业组织(FAO)在美国前总统罗斯福的倡议下,于 1943 年开始筹建,1945 年 10 月 16 日在加拿大魁北克宣告成立。其宗旨是:保障各国人民的温饱和生活水准;提高所有粮农产品的生产和分配效率;改善农村人口的生活状况,促进农村经济的发展,并最终消除饥饿和贫困。FAO 现有 191 个成员国和 1 个成员组织(欧盟)。中国是 FAO 的 42 个创始国之一。

FAO 通过协调,于 20 世纪 90 年代制定了一系列的农药残留最大限量标准,作为结果判定的参照依据,以统一各地区的食品卫生安全基本要求。FAO 先后制定了红茶、绿茶中 10 多种农药最高残留限量(maximum residue limit,MRL)标准,农药残留限量指标明显较非产茶国的欧盟标准宽松。世界上许多国家,如美国、印度、日本、韩国等的茶叶中农药残留限量标准,都参照该标准指标制定。

3.茶叶国外标准

(1)欧盟标准(EN) 欧盟茶叶标准(EN)是由欧盟 27 个成员国以《欧盟食品安全基本法》为基础建立起来的茶叶安全卫生标准。茶叶安全卫生标准除了满足食品安全卫生要求以外,欧盟茶叶标准(EN)针对最多的主要是欧盟茶叶产品农药残留限量标准,由欧盟茶叶委员会以欧盟指令(法规)的形式陆续在官方公报上发布和更新。欧盟指令 2000/24/EC,于 2000 年 4 月 28 日发布,修订和增加了部分农药最高残留限量指标:杀螟丹的 MRL 值由 20 mg/kg 降至 0.1 mg/kg,新增的乙滴涕等 9 种农药的 MRL 值均为 0.1 mg/kg。该指令要求欧盟各成员国在 2000 年年底前将该指令转变为本国法规,并于 2001 年 1 月 1 日起执行该指令。欧盟指令 2000/42/EC,于 2000 年 6 月 30 日发布,并于 2001 年 7 月 1 日起生效,内容主要是降低氰戊菊酯等 5 种农药的 MRL 限量。欧盟指令 2008/149/EC,于 2008 年 3 月 1 日发布,并于 2008 年 9 月 1 日起生效,修订涉及茶叶的现行农最高药残留限量 221 项,临时农药最高残留限量 171 项,共 392 项。其中有 358 项农药的 MRL 限量是目前分析仪器检出最低值,占 91.3%,事实上,意味着禁止这些农药的使用。从 2011 年 10 月起,欧盟对中国输往欧盟成员国的茶叶采取新的进境口岸检验措施,必须通过欧盟指定口岸进入;同时,欧盟还对 10%的货物进行农药检测,如果该批货物被抽中检测,则要实施 100%抽样检测。

(2)英国国家标准(BS) 英国茶叶标准(BS)是由英国标准协会(BSI)最初根据英国大量进口红茶需要而围绕红茶标准来制定的,并把 ISO 3720 红茶规格标准等转换为英国的国家茶叶标准,其后涵盖了速溶茶、袋泡茶。在 1981 年 4 月 1 日以后,伦敦拍卖市场出售的红茶产品,必须符合英国国家标准,否则不能出售。还把《茶叶取样方法》(ISO 1839—1980)等方法标准也转换为《英国标准》(BS 5987—1985)。其他标准还有:《茶供感官检验用茶汤的制备》(BS 6008—1985)、《茶叶试验方法第 1 部分:已知干物质含量的磨碎试样的制备》(BS 6049-1—1981)、

《茶叶试验方法 103℃时质量损失的测定》(BS 6049-2—1981)、《茶叶试验方法第 3 部分:水萃取物的测定》(BS 6049-3—1994)、《茶叶试验方法第 4 部分:总灰分的测定》(BS 6049-4—1988)、《茶叶试验方法第 5 部分:水可溶的和水不可溶灰分的测定》(BS 6049-5—1989)。英国对进口茶叶的要求,不仅要符合欧盟《一般食品法规》(178/2002)中的食品安全规定(适合人类食用,并不会致病)。而且还要符合欧盟 852/2004 法规中的食品卫生要求。2005 年 12 月 22 日开始实施了英国《农药法》(2005 No. 3286),规定了茶叶可允许的农药最高残留量。欧盟 882/2004 法规从 2006 年 1 月 11 日开始在英国适用,英国从非欧盟国家进口来源于非动物的饲料和食品,执行新的官方《饲料和食品控制法规 2006》。

(3)美国国家标准(ANSI) 美国国家标准(ANSI)中的茶叶国家标准是由评茶师比照标准样茶进行感官审评和规定茶叶进口安全卫生限量指标而建立起来的。美国是茶叶进口国,于 1987 年颁布《茶叶进口法案》,规定美国进口茶叶品质不得低于美国茶叶专家委员会制定的最低标准样茶。最低标准样茶,从每年的贸易样中先行订制。根据美国《食品、药品和化妆品管理规定》,各类进口茶叶必须经美国食品药品监督管理局(Food and Drug Administration,FDA)抽样检验,对品质低于法定标准和污染、变质或纯度不符消费要求的,茶叶检验官有权禁止进口。对于进口茶叶的农药残留量除非经出口国环境保护部门许可,或按规定证明残留量在允许范围内,否则属不合法产品。

2002 年,美国 FDA 建立了食品有关机构出口美国需登记注册和提前通报的制度。美国联邦法规(CFR)虽然在茶叶上仅规定了 7 项农药最高残留限量指标,但自 2008 年 2 月以来,美国 FDA 要求对除此以外的其他农药(主要是美国不使用的农药)执行"一律标准",即分析仪器检测最低检出限度,对其进口茶叶中的若干农药残留量进行抽样检查,达到了苛严程度。2011 年 11 月,美国环境保护局以美国国内在茶叶上不使用硫丹为由,决定取消硫丹在茶叶中的最大残留限量标准(24 mg/

kg)。浙江省国际茶业商会（注：浙江茶叶出口美国）代表世界茶叶主要出口国利益，向美国环境保护局递交了关于"反对直接废除茶叶中残留的硫丹限量标准"的申诉要求，美国同意将此限量标准废除的时间延长至 2016 年 7 月 31 日。由此可见，美国茶叶国家标准不单纯是为了保证美国进口茶叶品质和安全卫生要求的需要，也是美国国际贸易技术壁垒的砝码。

（4）日本国家标准（JAS） 日本国家标准（JAS）中的茶叶标准包括在食品中，依据日本《食品卫生法 2003 修订案》，以食品中残留农业化学品肯定列表制度（简称肯定列表制度）（positive list system）的形式发布实施。日本肯定列表制度是日本为加强食品（包括可食用农产品）中农业化学品（包括农药、兽药和饲料添加剂）残留管理而制定的一项新制度，于 2006 年 5 月 29 日生效。日本肯定列表制度涉及的农业化学品残留限量分为："沿用原限量标准而未重新制定暂定限量标准""暂定标准""禁用物质""豁免物质"和"一律标准"五大类。其中，"沿用原限量标准而未重新制定暂定限量标准"包括农产品、食品 175 种，涉及农业化学品 63 种，残留限量标准 2 470 条；"暂定标准"包括农产品、食品 264 种，涉及农业化学品 734 种，暂定残留限量标准 51 392 条；"禁用物质"涉及农业化学品 15 种；"豁免物质"涉及农业化学品 68 种；"一律标准"是对未涵盖在上述标准中的所有其他农业化学品规定统一限量标准不得超过 0.01 mg/kg（目前分析仪器检出最低值）。可见，日本现行的肯定列表制度对食品中农业化学品残留限量的要求更加全面、系统、严格。日本肯定列表制度几乎对所有农业化学品在食品中的残留都做出了规定，设限数量之广、检测数目之多，限量标准之严格，可以说前所未有。因此，肯定列表制度必然会影响各国（地区）对日本包括茶叶在内的农产品出口。

四、茶叶标准化

标准化是制度化的最高形式。茶叶标准化涵盖茶叶全行业的所有生产经营管理服务等活动，最终目的是保障茶叶行业获得最佳秩序,产生茶产业尽可能大的社会效益和经济效益。茶叶标准化在古代和近代时期的发展动力,源于人们围绕茶叶技术推陈出新的习得传承和茶文化的演化弘扬,以民间自发并伴以皇权推崇。现代茶叶标准化的推进,政府扮演了主动应对的角色,尤其是在现代法制环境下的茶叶标准化,取决于社会各个方面的发达水平。现代科学的标准化基本原理,即统一原理、简化原理、协调原理和最优化原理,揭示了茶叶标准化既是一个寻求相对稳定协调的过程,又是一个推动不断动态发展的过程。

统一原理是指为了保证事物发展所必需的秩序和效率,对事物的形成、功能或其他特性确定适合于一定时期和一定条件的一致规范,并使这种一致规范与被取代的对象在功能上达到等效。统一是为了确定一组对象的一致规范,其目的是保证事物所必需的秩序和效率;统一的原则是功能等效,从一组对象中选择确定一致规范,应能包含被取代对象所具备的必要功能;统一是相对的,确定的一致规范,只适用于一定时期和一定条件,随着时间的推移和条件的改变,旧的统一就要由新的统一所代替。

简化原理是指为了经济有效地满足需要,对标准化对象的结构、形式、规格或其他性能进行筛选提炼,剔除其中多余的、低效能的、可替换的环节,精炼并确定出满足全面需要所必要的高效能的环节,保持整体构成精简合理,使之功能效率最高。简化的目的是为了更经济有效地满足需要;简化的原则是从全面满足需要出发,保持整体构成精简合理,使之功能效率最高。所谓功能效率指功能满足全面需要的能力。简化的基本方法是对处于自然状态的对象进行科学的筛选提炼,剔除其中多余的、低效能的、可替换的环节,精练出高效能的能满足全面需要所必要的环节;简化的实质不是简单化而是精练化,其结果不是以少替多,而是以少胜多。

协调原理是指为了使标准的整体功能达到最佳,并产生实际效果,必须通过有效的方式协调好系统内外相关因素之间的关系,确定为建立和保持相互一致,适应或平衡系统内外关系所必须具备的条件。协调的目的在于使标准系统的整体功能达到最佳并产生实际效果;协调对象是系统内相关因素的关系以及系统与外部相关因素的关系;相关因素之间需要建立相互一致关系(连接尺寸)、相互适应关系(供需交换条件)、相互平衡关系(技术经济平衡或有关各方利益矛盾的平衡),为此必须确立条件。协调的有效方式有:有关各方面的协商一致,多因素的综合效果最优化,多因素矛盾的综合平衡等。

最优化原理是指按照特定的目标,在一定的限制条件下,对标准系统的构成因素及其关系进行选择、设计或调整,使之达到最理想的效果。现代企业管理为了以尽可能少的综合耗费获取尽可能大的经济效益和社会效益,就要对生产经营活动中的一切因素、条件及其相互之间的关系进行全面、系统地分析,并在此基础上拟定出多种可供选择的方案,通过比较、论证,选择其中最能实现管理目的的一个方案,进行充实、优化并最后形成实施方案。优化是相对的、有条件的,是在一定时期和一定范围内、满足某指标或某目标时的优化。

(1)标准化与茶叶企业 茶叶企业是参与茶叶标准化的重要主体。茶叶企业只有加强标准化工作,建立一整套标准化的经营管理体系,才能跨入现代企业的先进行列。茶叶企业不仅仅要产品达到现有标准的要求,而且更重要的是要实现生产管理过程标准化。推动茶叶有关标准的更新、升级,也是茶叶企业维护行业自身利益的重要责任。茶叶企业的生产经营活动,具有商品流通过程的复杂性,生产管理过程必须要有科学的组织和严密的计划,通过推行标准化,制订、实施一系列生产管理流程和要达到的企业标准,实现生产管理过程的规范化、程序化和科学化,以保障企业生产经营效益的提高。

(2)标准化与茶叶质量 强化茶叶产品质量意识,对茶叶产业的长远发展具有极其重要的意义。茶叶产品质量的制约因素是多方面的,推进茶叶标准化,是提升茶叶产品质量的根本途径。要达到茶叶产品质量的稳定和提高,生产条件的改善,设备、技术、管理的更新,要通过茶叶标准化发展来实现。质量是产品的生命,茶叶质量第一的方针是推动茶叶标准化的动力,也是茶叶老字号、百年老店得以延续的根基。为此,运用茶叶标准化手段,推动茶叶质量管理,政府部门政策鼓励,实施单位贯彻推广才能使茶叶产业长期生存与发展。

(3)标准化与茶叶科技 茶叶科技进步对茶叶标准化发展具有导向性作用,即茶叶标准化与茶叶科技生产力相适应。茶叶科技生产力水平的高低决定了茶叶标准化的先进程度。如果茶叶标准化超前于茶叶科技生产力水平,这样的标准化是空中楼阁式的标准化,无法变为现实的标准化;反之,则是技术落后的标准化,不具现实意义的标准化。为此,推动中国茶叶标准化发展,要紧紧依靠茶叶科技进步,以标准化实施促进科技发展,以科技发展推动标准化进程。

(4)标准化与品牌战略 品牌是产品质量和声誉的载体。茶叶品牌战略是推动茶叶标准化的灵魂。品牌战略是一个系统工程。在现代市场竞争条件下,产品竞争包括价格竞争、质量竞争和品牌竞争。品牌竞争则包含着科技创新、产品研发、经营机制、完善服务等方面,是实现标准化的具体体现,是企业赢得市场、提高产品附加值、谋取更高经济效益的重要保证。因此,茶叶企业推行标准化,是依靠科技兴业,实现品牌战略的重要一环。茶叶企业如果拥有了名牌产品,就意味着质量与素质的取胜,信誉与声望的首肯,竞争力就强。茶叶企业要实施品牌战略,就必须抓好标准化工作。只有不断采用先进的技术标准,维持企业的创新动力,改善自身产品结构和产品质量,提高科技含量,才能创造出独具特色的高质量产品,提升市场占有率,从而打造出知名品牌。

(5)标准化与国际接轨 茶叶在世界经济中具有一席之地,中国茶叶走向世界,实现标准化与国际接轨是必然选择。中国茶叶标准化与国际接轨主要体现在:首先,中国茶叶标准化应当是具有国际视野的标准化;其次,中国茶叶标准化应当是与国际标准相匹配的标准化;再次,中国茶叶标准化应当是争取国际话语权的标准化。中国茶叶标准化在与国际接轨问题上,应从被动应对向主动参与、积极引导国际规则发展方向,在国际标准或规则的制定过程中,能够发出代表中国茶叶界的声音,并获得国际社会的普遍支持。中国茶叶标准化与国际接轨的重要手段是积极参与茶叶国际标准的制定,努力将中国标准的有关指标推向世界,成为多数国家或地区接受并采用的国际标准。

第二节　茶叶文字"标准"

一、封面

"标准"的封面包括下面几项内容:①类型;②编号;③名称;④发布和实施日期;⑤发布单位。

二、前言

"标准"的前言包括下面几项内容:①制定目的;②引用标准的名称;③提出制定标准的单位及归口部门;④承担制定标准的起草单位及主要起草人员。

三、正文

"标准"的正文根据"标准"的类型不同有所不同。

1. 产品标准

①明确适用本标准的产品名称和范围;②制定本标准所引用的文件(标准)名称;③"标准"中所用名词的解释和定义;④产品基本要求,原料、产品级别、感官指标、理化指标、卫生指标、重量偏差;⑤检验方法;⑥检验规则;⑦产品标志、标签、包装、贮运。

2. 方法标准

①明确适用本标准的名称和范围;②制定本标准所引用的标准名称;③"标准"中所用名词的解释(术语)和定义;④试验方法;⑤应用本标准所用仪器及要求;⑥应用本标准所用试剂和试

样的制备;⑦检验原理;⑧测定结果或评定结果的计算及误差要求。

四、"标准"的格式

制定标准的格式主要按照 GB/T 1.1—2009 中标准化工作导则的要求进行。

目前中国已制定出茶叶及相关产品标准 52 项;茶及相关产品检验方法标准 83 项;其他相关标准预包装食品标签通则、茶机标准及食品包装标准等 36 项。

第三节　茶叶标准样

一、茶叶标准样的概念

茶叶标准样是指具有足够的均匀性、能代表茶叶产品的品质特征和水平、经过技术鉴定并附有感官品质和理化数据说明的茶叶实物样品。

为了使茶叶感官审评结果具有客观性和普遍性,设置茶叶标准样(实物标准样)是十分必要的。

感官审评是通过细致的比较来鉴别茶叶品质的优劣、质量等级高低,需要在有茶叶标准样的条件下进行比较、分析,才能得出客观、正确的结论,通俗地说:"不怕不识货,只怕货比货"。因此,感官审评一般"不看单个茶样"。

对照茶叶标准样进行茶叶感官审评,即为"对样评茶"。对样评茶具有评定茶叶质量等级(目前,用化学方法还难以做到)、茶叶品质优劣、鉴别真假茶(如真假西湖龙井茶)、确定茶叶价格(按质论价,好茶好价)等作用,用于茶叶收购、茶叶精制加工、产品调拨、进货和出口成交验收。

制定茶叶标准样有利于保证产品质量、保障消费者的利益、按质论价、监督产品质量,有利于企业控制生产与经营成本、提高茶叶产品在国内外市场上的信誉。

二、茶叶标准样

茶叶标准样主要分毛茶收购标准样和精制茶标准样（外销茶、内销茶、边销茶和各类茶的加工验收标准样）。

1.毛茶标准样

毛茶标准样是初制茶在收购或验收时，对样审评其外形、内质以确定其等级和茶价的实物依据。毛茶标准样反映了国家对不同产区毛茶的质量要求，是衡量各产区茶叶生产水平和品质水平的实物杠杆，也体现了国家对毛茶收购的价格政策。毛茶收购标准样的审批实行统一领导分级管理的办法。一般产量较大、涉及面较广的主要茶类及品种由商业部管理，称为部标准；产量较少而有一定代表性的品种，由省主管部门管理，称为省标准。我国毛茶标准样由商业部管理的有红毛茶9套、绿毛茶23套、黑毛茶5套、乌龙毛茶2套、黄毛茶1套，共计40套。

2.加工标准样

加工标准样茶是对样加工成精茶、使各个花色的成品茶达到规格化、标准化的实物依据。加工标准样亦称加工验收统一标准样。产销双方用以对样评比产品进行交换验收。有的加工标准样茶与贸易成交样茶通用。制定加工标准样茶的目的是加强精制厂的经济技术管理，控制成品茶质量水平，保证出厂产品符合国家规定的标准和要求。我国各类茶叶的加工标准样于1953年开始建立，有外销绿茶、花茶、压制茶、乌龙茶、工夫红茶、红碎茶等。

✤ 第四章　茶叶感官审评

第一节　审评项目和审评因子

一、外形审评

1. 把盘

把盘俗称摇样盘,是审评干茶外形的首要操作步骤。审评时首先应查对样茶,判别茶类、花色、名称、产地等,然后扦取有代表性的样茶,审评毛茶需 250～500 g,精加工茶需 200～250 g。

审评时将毛茶样倒入茶样匾或评茶盘中,双手持茶样匾或盘的边沿,做前后左右的回旋转动,使盘中茶叶按轻重、大小、长短、粗细、整碎等不同有次序地分层,然后借手势收拢。这一动作称为把盘。

把盘能使茶叶分出上、中、下三个层(段)次,上段茶又叫面张茶,为比较粗长轻飘的茶叶;中段茶又叫腰档,细紧重实;下段茶又叫下身茶,由碎小的茶叶和其末组成。审评时,对照毛茶标准样,先看面张,后看中段,再看下身茶。面张茶多,表明品质差,一般以中段茶多为好,如果下身茶过多,要注意是否属于本茶本末。条形茶或圆炒青如下段茶断碎片末含量多,表明做工、品质有问题。同时,可闻干茶香和用手测水分含量。

审评成品茶。同样将茶叶放在审评盘中,通过把盘分出上、中、下三层。一般先看面张和下身,然后看中段茶。对样评比上、中、下三档茶叶的拼配比例是否恰当和相符,是否平伏匀齐不脱档。看红碎茶虽不能严格分出上、中、下三档茶,但样茶盘筛转后要对样评比粗细度、匀齐度和净度。同时,可抓一些茶散落在盘中,看碎茶的颗粒重实度和匀净度。

2. 干评

干茶外形,主要从五个方面来鉴别,即嫩度、外形、色泽、整碎和净度。

(1)嫩度 嫩度是决定品质的基本因素,所谓"干看外形,湿看叶底",就是指嫩度。一般嫩度好的茶叶,容易符合该茶类的外形要求(如龙井之"光、扁、平、直")。此外,还可以从茶叶有无锋苗去鉴别。锋苗好,白毫显露,表示嫩度好,做工也好。如果原料嫩度差,做工再好,茶条也无锋苗和白毫。但是不能仅从茸毛多少来判别嫩度,因各种茶的具体要求不一样,如极好的狮峰龙井是体表无茸毛的。再者,茸毛容易假冒,人工做上去的很多。芽叶嫩度以多茸毛作为判断依据,只适合于毛峰、毛尖、银针等"茸毛类"茶。这里需要指出的是,最嫩的鲜叶,也得一芽一叶初展,片面采摘芽心的做法是不恰当的。因为芽心是生长不完善的部分,内含成分不全面,特别是叶绿素含量很低,所以不应单纯为了追求嫩度而只用芽心制茶。

(2)外形 外形是各类茶具有的一定外形规格,一般来说,条索紧、身骨重、圆(扁形茶除外)而挺直,说明原料嫩、做工好、品质优;如果外形松、扁(扁形茶除外)、碎,并有烟、焦味,说明原料老、做工差、品质劣。以杭州地区绿茶条索标准为例,一级、二级、三级、四级、五级、六级的标准为细紧有锋苗、紧细尚有锋苗、尚紧实、尚紧、稍松、粗松。可见,以紧、实、有锋苗为上。

(3)色泽 茶叶色泽与原料嫩度、加工技术有密切关系。各种茶均有一定的色泽要求,但是无论何种茶类,好茶均要求色泽一致,光泽明亮,油润鲜活。如果色泽不一,深浅不同,暗而无光,说明原料老嫩不一,做工差,品质劣。茶叶的色泽还和茶树的产地以及季节有很大关系。如高山绿茶,色泽绿而略带黄,鲜活明亮;低山茶或平地茶色泽深绿有光。购茶时,应根据具体购买的茶类来判断,比如龙井中最好的狮峰龙井,其明前茶并非翠绿,而是天然的糙米色,呈嫩黄,这是狮峰龙井的一大特色,在色泽上明显区别于其他龙井。在炒制茶叶过程中稍稍炒过头而使叶色变黄是假狮峰。真假狮峰的区别是,真狮峰匀称光洁、淡黄嫩绿、茶香中带有清香;假狮峰则角松而空、毛糙、偏黄色、茶香带有炒黄豆香。炒制过火的假狮峰,完全没有龙井茶应有的馥郁鲜嫩的香味。

(4)整碎　整碎就是茶叶的外形和断碎程度,以匀整为好,断碎为次。比较标准的茶叶审评方法是:将茶叶放在盘中(一般为木质),使茶叶在旋转力的作用下,依形状大小、轻重、粗细、整碎形成有次序的分层。其中粗壮的在最上层,紧细重实的集中于中层,断碎细小的沉积在最下层。各茶类,都以中层茶为好;上层一般粗老叶子多,滋味较淡,水色较浅;下层碎茶多,冲泡后往往滋味过浓,汤色较深。

(5)净度　主要看茶叶中是否混有茶片、茶梗、茶末、茶籽和制作过程中混入的竹屑、木片、石灰、泥沙等夹杂物的多少。净度好的茶,不含任何夹杂物。

此外,还可以通过茶的干香来鉴别。无论哪种茶都不能有异味,每种茶都有特定的香气,干香和湿香也有不同,须根据具体情况来定,青气、烟焦味和熟闷味均不可取。最易判别茶叶质量的,是冲泡之后的口感滋味、香气以及叶片茶汤色泽。所以如果允许,购茶时尽量冲泡后尝试一下。若是特别偏好某种茶,最好查找一些该茶的资料,准确了解其色香味形的特点,每次买到的茶都互相比较一下,这样次数多了,就容易找到窍门。

二、内质审评

1. 开汤

开汤,俗称泡茶或沏茶,为湿评内质的重要步骤。开汤的方法是将茶盘中茶样充分拌和后称取 3 g(如用 250 mL 审评杯,称 5 g)投入审评杯中,用沸滚适度的开水冲泡,泡水量以齐杯口为度,冲泡第一杯时即应计时,并从低级茶泡起,随泡随加杯盖,盖孔朝向杯柄,5 min 时按先后次序将茶汤全部倒入审评碗内,杯中残余茶汁应完全滤尽。

2.湿评

内质审评香气、汤色、滋味、叶底 4 项因子。开汤后应先嗅香气,快看汤色,再尝滋味,后评叶底(审评绿茶时应先看汤色),但收茶站审评毛茶内质,除特种茶外,一般是以叶底为主,香味和汤色作为参考,要求正常即可。

(1)嗅香气 香气是依靠嗅觉而辨别,辨别香气是否纯正、高低和长短。嗅香气应一手拿住审评杯,另一手半揭杯盖,靠近杯沿用鼻轻嗅或深嗅。为了正确判别香气的类型、高低和长短,嗅时应重复一两次。但每次嗅时不宜过长,以免嗅觉疲劳,影响灵敏度。

嗅香气应以热嗅、温嗅、冷嗅相结合进行。热嗅的重点是辨别香气是否纯正,如夹有异味、焦气、霉气、陈气、老火气、烟气等。温嗅主要是辨别香气的高低。冷嗅主要是比较香气的持久程度。

审评茶叶香气最适合的叶底温度是 55℃左右,超过 65℃时感到烫鼻,低于 30℃时茶香低沉。如审评茶样较多时,可把审评杯做前后移动,一般香气好的前推,次的后摆,进行香气排队,而审评香气不宜红绿茶同时进行,并应避免外界因素的干扰,如抽烟、擦香脂、香皂洗手等都会降低鉴别香气的准确性。

(2)看汤色 茶汤靠视觉审评。茶叶中部分内含物溶于水中形成色泽,称为汤色,俗称"水色"。因茶汤中的成分和空气接触后很容易发生变化,所以有的把评汤色放在嗅香气之前。看汤色主要评深浅、亮暗、清浊等。不同茶类有不同汤色的要求,红茶以红艳明亮为优,绿茶以嫩绿清澈为上品。

(3)尝滋味 滋味由味觉器官来区别。茶叶是饮料,滋味的好坏是决定茶叶品质的关键因素。味感有甜、酸、苦、辣、鲜、涩、咸、碱等。味觉感受器是布满于舌上的味蕾,而舌上各部分的味蕾对不同味感的感受能力不同,舌尖对甜味敏感,舌的内侧前部对咸味敏感,舌的两侧后部对酸味敏感,舌心对鲜涩味敏感,近舌根部位对苦味敏感。

审评滋味必须掌握茶汤温度,过热过冷都会影响滋味评比的正确性。茶汤太热味觉受强烈刺激而麻木,辨味力差;茶汤冷后,一则味觉灵敏度差,二则茶汤滋味开始转化,回味转苦或淡,鲜味转弱。尝滋味最好在汤温 50℃左右。审评滋味有浓淡、强弱、醇涩、甘苦、爽滞,还有焦、烟、馊、酸及其他异味等。茶类不同,对滋味要求有区别,绿茶滋味是以醇和爽口、回味转甘为好,红茶以浓醇和鲜爽者优。

审评前最好不吃有强烈刺激味觉的食物,并且不宜吸烟,以保持味觉和嗅觉的灵敏度。尝味后的茶汤一般不宜咽下,尝第二碗时,匙中残留茶液应倒尽或在白开水中漂净,以免互相影响。

(4)评叶底　审评叶底主要靠视觉和触觉来判断。根据叶底的老嫩、匀杂、整碎、色泽、开展与否等进行综合评定,同时还应注意有无其他掺杂。

评叶底是将冲泡后的茶叶全部倒在叶底盘中或杯盖上,用手指铺平拨匀,观察叶底的嫩度、色泽、匀度。叶底嫩度主要从嫩叶、芽尖含量多少来衡量,其次看叶质的柔软度和叶表的光滑明亮度。看茶底色泽,主要看色泽的调匀度和亮度,红毛茶叶底以红艳、红亮为好,绿毛茶叶底以嫩绿、黄绿、明亮者为好。

总之,茶叶品质审评只有通过上述干茶外形和汤色、香气、滋味、叶底 5 个项目的综合观察,才能正确评定品质优次。茶叶各品质因子表现不是孤立的,而是彼此密切关联的,评茶时要根据不同情况和要求具体掌握,或选择重点,或全面审评。凡进行感官审评,都应严格按照评茶操作程序和规则,以取得正确的结果。

第二节 绿茶的审评方法

一、审评方法

绿茶审评项目包括外形、汤色、香气、滋味和叶底。在现行的审评方法国家标准中(GB/T 23776—2009),基本的规定均为内质审评开汤按 3 g 茶、150 mL 沸水冲泡 4 min 的方式进行操作(普通绿茶 5 min);毛茶开汤有时也以 4 g 茶、200 mL 沸水冲泡 5 min 的方式操作。总之需保持茶与水的比例为 1∶50。绿茶审评的操作流程如下:

取样—评外形—称样—冲泡、计时—沥茶汤—评汤色—闻香气—尝滋味—看叶底。

二、审评要点

(一)普通绿茶

1. 外形审评

外形审评的内容包括嫩度、形态、色泽、整碎、净杂等。一般嫩度好的产品具有细嫩多毫、紧结重实、芽叶完整、色泽调和及油润的特点,而嫩度差的低次茶呈现粗松、轻飘、弯曲、扁条、老嫩不匀、色泽花杂、枯暗欠亮的特征。劣变茶的色泽更差,而陈茶一般都是枯暗的。

审评初制绿茶外形,需要通过把盘,分出上、中、下三段茶,逐层检查其特征。通常上段茶(面张茶)轻、粗、松、杂,中段茶重、实、细、紧,下段茶体小、断、碎。这三段茶比例适当为正常。如面张茶和下段茶多,而中段茶少,称为"脱档",表明茶叶质量有问题。

2. 内质审评

(1)汤色　审评汤色时用目测审评茶汤的颜色种类、色度、明暗度和清浊度等,审评时应注意光线对茶汤审评结果的影响,可随时调换审评碗的位置。

审评汤色时,不同的季节、气温、光线以及汤温等,都会影响到茶叶汤色表现的结果。在相同的温度和时间内,大叶种绿茶汤色的变色幅度大于小叶种绿茶汤色,原料细嫩的绿茶汤色变化大于原料粗老的绿茶汤色,新茶汤色大于陈茶汤色。冬天冲泡后的水温下降幅度比其他季节大,汤色变深的程度也比其他季节更深。因此,一般在 10 min 内观察完汤色,能较好地评判茶叶的原有汤色,如时间拖得太长,则很容易出现误判,把较浅的茶汤误评为明亮,或把较亮的汤色误评为欠亮,导致结论不准确。

(2)香气 审评香气时,一手持杯,一手持盖,靠近鼻孔,半开杯盖,嗅评从杯中散发出来的香气,每次持续 2～3 s,后随即加盖。可反复 1～2 次。根据香气的类型、浓度、纯度和持久性等审评内容判断香气的质量。

最适合于人闻茶香的叶底温度是 45～55℃,超过 60℃就感到烫鼻,低于 30℃时就觉得低沉,甚至对烟气等异气味也难以鉴别。

审评茶叶香气,在冬天要快,在夏天 3～5 min 后即应开始嗅香。闻香时的每个嗅香程最好是 2～3 s,不宜超过 5 s 或小于1 s。

如因感冒等造成鼻子堵塞,可在茶杯中倒入沸水,鼻子对准茶杯吸杯内蒸发出来的热水汽,减缓鼻塞程度。吸热水汽的时间可长可短,感到鼻路畅通即可。

评茶员对茶叶香气的感觉,是由鼻腔上部的嗅觉感受器接受茶香的刺激而发生的。人们的嗅觉虽很灵敏,但也很易适应刺激,即嗅觉的敏感时间也是有限的。

(3)滋味 审评滋味时,用茶匙取适量(约 5 mL)茶汤于口内,用舌头让茶汤在口腔内循环打转,使茶汤与舌头各部位充分接触,感受舌头不同部位的刺激,随即吐入吐茶桶中或咽

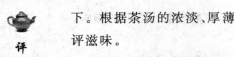

下。根据茶汤的浓淡、厚薄、醇涩、纯异和鲜钝等审评内容审评滋味。

舌的不同部位对滋味的感觉并不相同,舌尖对滋味的甜度最敏感,舌中对滋味的鲜爽度判断最敏感,舌根则对苦味最敏感。

评滋味时,茶汤温度、数量、分辨时间、吸茶汤的速度、用力大小以及舌的姿态等,都会影响审评滋味的结果。

审评滋味最适宜的茶汤温度在50℃左右,如高于70℃就感到烫嘴,低于40℃就显得迟钝,感到涩味加重、浓度提高。

从汤匙里吸茶汤要自然,速度不能快,把茶汤吸入嘴内后,舌尖顶住上层门齿,嘴唇微微张开,舌稍向上抬,使汤摊在舌的中部,再用口慢慢吸入空气,茶汤在舌上微微滚动,吐出茶汤。若初感有苦味的茶汤,应把茶汤压入舌的基部,进一步评定苦的程度。

对疑有烟味的茶汤,应把茶汤送入口后,嘴巴闭合,用鼻孔吸气,把口腔鼓大,使空气与茶汤充分接触后,再由鼻孔把气放出。这样来回2~3次,对烟味茶的评定效果较好。

茶汤送入口内,在舌的中部回旋2次即可,较合适的时间是3~4 s。一般需尝味2~3次。

对滋味很浓的茶尝味2~3次后,需用温开水漱漱口,把舌上高浓度的滞留物洗去后再复评。否则会麻痹味觉,影响后面的审评效果。

(4)叶底 审评叶底时,精制茶采用黑色木制叶底盘,毛茶与细嫩绿茶采用白色搪瓷叶底盘。操作时应将杯中的茶叶全部倒入叶底盘中,其中白色搪瓷叶底盘中要加入适量清水,让叶底漂浮起来。根据叶底的嫩度、色泽、明暗度和匀整度等审评内容,用目测、手感等方法审评叶底。

在评定叶底嫩度时,常会产生两种错觉:一是易把芽叶肥壮、节间长的某些品种误评为茶叶粗老;二是陈茶色泽暗,叶底不开展,与同等嫩度的新茶比时,也常把陈茶评为茶老。

表 4-1 为普通绿茶品质评语与各品质因子评分表。

表 4-1 普通绿茶品质评语与各品质因子评分表

因子	级别	品质特征	给分	系数
外形	甲	一芽一叶初展和一芽二叶,造型有特色;嫩绿、翠绿或深绿,油润;匀整;净	90~99	20%
	乙	一芽二叶为主,造型较有特色;墨绿或黄绿,较油润;尚匀整;较净	80~89	
	丙	嫩度稍低,造型特色不显;暗褐、灰绿、偏黄;尚匀整;尚净	70~79	
汤色	甲	绿明亮	90~99	10%
	乙	尚绿明亮、黄绿明亮	80~89	
	丙	深黄、黄绿欠亮、浑浊	70~79	
香气	甲	高爽有栗香、有嫩香、带花香	90~99	30%
	乙	清香尚高	80~89	
	丙	尚纯、略高火	70~79	
滋味	甲	鲜醇、醇厚鲜爽	90~99	30%
	乙	浓厚、尚醇厚	80~89	
	丙	尚醇、浓涩、青涩	70~79	
叶底	甲	嫩匀多芽、尚嫩绿明亮、匀齐	90~99	10%
	乙	嫩匀有芽、绿明亮、尚匀齐	80~89	
	丙	尚嫩、黄绿、欠匀	70~79	

来源:蔡烈伟,等.茶学应用知识[M].厦门:厦门大学出版社,2014.

（二）名优绿茶

名优绿茶审评要求面面俱到。虽然各审评因子在最后会有所侧重（这种侧重通过评分时各因子的换算系数比例大小来体现），但不能忽视任何因子。同时，审评对品质的要求也更加严格。

1.外形审评

名优绿茶的形态多姿多彩。为追求新颖独特，一些普通茶叶中从未出现过的造型也为名优茶所拥有，如环形、创新的束花形等。有的名优绿茶扁平光滑，有的又满披茸毫；有的名优绿茶色泽翠绿，有的以黄绿作为特征。因此审评外形尤其要注意造型、色泽、匀度、整碎度以及应有的特色。

2.内质审评

名优绿茶的茶汤颜色对温度十分敏感，因此汤色审评应尽可能的快。应注意的是部分嫩度极佳的而又多茸毫的茶叶，如无锡毫茶，其茸毫极易在冲泡后随着茶汤沥入审评碗中，使茶汤的明亮度和清澈度受影响，这其实是品质好的表现，而非弊病。

香气审评，要注意香气的类型和持久性。强调香气新鲜、香型高雅、余香经久不散为好。

名优绿茶滋味强调鲜和醇的协调感，而不是越浓越好。国外认为能喝出香味的茶是好茶，这一观点有一定道理，表明香气成分在茶汤中的浓度大，易被评茶人员察觉。

名优绿茶审评叶底应注重芽叶的完整性、嫩度和匀齐度。这是由于名优绿茶的嫩匀整齐具有很强的观赏性，相对于大宗（普通）茶，叶底本身也能成为品质的直观体现。

表 4-2 为名优绿茶品质评语与各品质因子评分表。

表 4-2 名优绿茶品质评语与各品质因子评分表

因子	级别	品质特征	给分	系数
外形	甲	嫩绿、翠绿、细嫩有特色	90～99	
	乙	墨绿、深色、细嫩有特色	80～89	25%
	丙	暗褐、陈灰、一般嫩茶	70～79	
汤色	甲	嫩绿、嫩黄绿明亮	90～99	
	乙	清亮、黄绿	80～89	10%
	丙	深黄、浑浊	70～79	
香气	甲	嫩香、嫩栗香、清香	90～99	
	乙	清高、高欠锐	80～89	25%
	丙	纯正、熟、足火	70～79	
滋味	甲	鲜醇、嫩鲜、鲜爽	90～99	
	乙	消爽、醇厚、浓厚	80～89	30%
	丙	熟、浓涩、青涩、强烈	70～79	
叶底	甲	嫩绿明亮、显芽	90～99	
	乙	黄绿明亮	80～89	10%
	内	黄暗、青暗	70～79	

来源:蔡烈伟,等.茶学应用知识[M].厦门:厦门大学出版社,2014.

三、绿茶常见感官品质状况

1. 外形

(1)形态 针形、扁形、条形、珠形、片形、颗粒形、团块形、卷曲形、花朵形、尖形、束形、雀舌形、环钩形、粉末形、晶形。

(2)色泽 嫩绿、翠绿、深绿、墨绿、黄绿、嫩黄、金黄、灰绿、银白、暗绿、青褐、暗褐。

2.汤色

嫩绿、浅绿、杏绿、绿亮、黄绿、黄、黄暗、深暗。

3.香气

毫香、嫩香、花香、清香、栗香、茶香、高香。

4.滋味

浓烈、浓爽、浓厚、浓醇、浓鲜、鲜、鲜醇、清鲜、鲜淡、醇爽、醇和、平和。

5.叶底

(1)形态　芽形、条形、雀舌形、花朵形、整叶形、碎叶形、末形。

(2)色泽　嫩绿、嫩黄、翠绿、黄绿、鲜绿、绿亮、青绿、茵褐。

四、常见品质弊病

1.普通绿茶

①脱档:上、中、下三段茶比例失当。

②异味污染:茶叶有极强吸附性,易被各种有味物质污染而带异味。常见异味有烟味、竹油味、木炭味、塑料味、石灰味、油墨味、机油味、纸异味、杉木味等。

③生青:原料摊放、杀青、揉捻不足的茶叶常表现出的一种特征。

④苦味:部分病变叶片加工出的产品所表现的特征。

⑤涩味:夏季加工的茶叶因茶多酚转化不足而表现的一种滋味特征。

⑥爆点、焦斑:叶片在炒制过程中局部被烤焦或炭化而形成的斑点。

⑦红梗红叶:原料采摘、杀青不当导致叶茎部和叶片局部红变的现象。

⑧焦味:加工过程中叶片在高温下被炭化后散发的味道。

⑨陈味:茶叶失风受潮、品质变陈后具有的一种不良味道。

⑩花杂:原料嫩度不一所致。

2.名优绿茶

①色泽深暗:除了使用紫芽原料外,其色泽的深暗多是由于加工技术不当造成的。

②造型无特色:造型缺乏特色是名优绿茶的大忌。

③风味淡薄:部分名优绿茶为追求嫩度和造型,往往使用单芽加工,这可能会造成香气、滋味的淡薄。

④香味生青:名优绿茶的制作中为追求绿色,不经摊放或适度揉捻,降低了茶叶内含物质的转化程度,常会出现生青的风味。

⑤异味污染:名优绿茶在加工、贮藏过程中处理不当所致。

第三节　黄茶的审评方法

一、外形审评

1.嫩度

嫩度是决定黄茶品质的基本条件。黄茶分黄芽茶、黄小茶、黄大茶三类,是基于嫩度条件分类的。嫩度高,外形造型美,茶汤内含物高,品质好;嫩度低,内含成分少,总浸出物低,滋味粗涩,且不耐泡,品质差。君山银针,单芽制成,外形芽头肥硕苗壮,银毫满披,由于嫩度高、采制方法特殊,冲泡后呈现出似"群笋出土""金枪林立"及"三起三落"等奇特景观。

评定嫩度要注意以下三种表现。

(1)芽与叶的比例　单芽和一芽一叶初展或开展。要求嫩芽嫩叶占的比例高。同是单芽,又有肥瘦及大叶种和小叶种之分。凡是芽与叶的比例相近、肥壮、身骨重实、叶片厚实者品质好。

(2)锋苗　芽叶揉卷成条、芽尖完整、叶尖细嫩的尖锋含量多,芽头完整锋锐且显露者的锋苗好。断头去尾者称短秃,品质较次。

（3）光糙度　黄茶外形光润平伏、嫩茶果胶物质多、蛋白质含量高、汁浓并结于茶表、显光滑油润者为好茶；其外观粗糙枯滞者,品质差。

2.条索

外形条索紧卷者,为嫩度高、品质好的茶；外形显粗松者,为品质低下。条索要从松紧、曲直、壮瘦、圆扁来区分,其松、瘦、扁、轻者为次品。

3.色泽

外形色泽主要从色度和光泽度两方面评比。色泽是指颜色本身的纯正、深浅,而光泽度则是以茶条表面吸收与反光的程度来判别。嫩茶条表面光滑、显润,老茶条表面粗糙、显枯。色泽从纯正、深浅、润枯、鲜暗、匀杂等方面去判断。黄茶要求绿黄（以黄为主,为纯正）、浅、润、鲜、色匀为好,反之为差。

4.整碎

黄茶要求外形匀整。匀整反映采摘、加工水平高,茶叶品质好；断碎者品质次。

5.净度

好品质的黄茶要求外形洁净,不夹杂梗、籽、老片,尤其不能夹杂非茶类物质。

以上五项因子中,嫩度和条索属同一范畴,一般毛茶评嫩度,而成品茶则评条索。即外形由条索（含老嫩）、色泽、整碎、净度四项因子组成。

二、内质审评

黄茶内质审评与其他茶内质审评一样,评汤色、香气、滋味和叶底四项因子。

1.汤色

主要从色度、亮度和清浊度三方面去区分。汤色在某种程度上反映黄茶的品质优次。

（1）色度　看是否呈正常色。黄茶要求微黄、黄亮的汤色，黄大茶要求深黄色。绿色、褐色、橙色和红色均不是正常的色泽。再看是否劣变，黄茶具橙色或红褐色都是劣变的汤色，茶汤带褐多系陈化质变之茶。

（2）亮度　指亮与暗的程度。亮者质高，暗者质次。

（3）清浊度　质地正常的黄茶汤色清澈。黄茶好的汤色应该是杏黄（黄芽茶）、黄亮（黄小茶）、深黄（黄大茶）明亮者为佳；汤色浑浊是闷黄过度产生劣变的茶。

2.香气

黄茶的香气不似绿茶的清鲜浓郁而是带熟栗香（黄小茶）或甜兰香（黄芽茶），或是多带焦豆香（部分黄小茶、黄大茶）。一般黄茶香高浓带火旺香气，部分黄小茶亦带兰花香气。

黄茶评审香气，同样要评三项：①是否纯正；②香气的高低；③香气的长短。部分黄小茶用烟熏，要求带松烟香（如沩山毛尖）；多数黄茶要求高火香，外形有鱼子泡，这种火香应视为正常的母质特征，香气要浓高持久。若具绿茶的鲜香、红茶的甜香者，都不是正常的黄茶香。黄小茶的栗香火旺、黄大茶的焦粗香可视为正常。

3.滋味

黄茶滋味的特点是醇而不苦、粗而不涩。正是由于这种滋味，迎合了大批消费者的口味。与其他茶一样，黄茶的滋味从纯异、浓淡、强弱、鲜滞等方面予以评定。黄茶滋味的醇是其基础滋味。这种醇和不似绿茶或红茶的醇和，而是入口醇而无涩；不似绿茶呈现得极快的爽，不似红茶呈现得极快的强，而是吐出茶汤后回味甘甜润喉，别具一味。君山银针有黄针和绿针两种规格。黄针的滋味醇浓，绿针滋味鲜醇。从回味上评，前者快而甘；后者略慢而鲜爽，回味长。

4.叶底

黄茶叶底从嫩度、色泽、匀度三方面来评定优次。

（1）嫩度　从芽与叶的含量、硬软、厚薄、摊卷程度予以区分。其嫩芽多、厚、软、摊者为好茶，而硬、薄、卷而不散摊的叶底是低级茶的象征。

（2）色泽　叶底色泽看色度和亮度。黄茶叶底要黄亮，有绿有红都不是好黄茶的叶色。黄而亮，不能暗。黄茶叶底暗可能是闷黄时温度过高、时间太长造成的。

（3）匀度　看叶底的匀齐度。看是否有"公孙茶""父子茶"，一芽一叶的黄小茶中亦可能夹杂一芽三叶的较老芽叶，或夹杂对夹叶、单片等。叶底要求老嫩一致，色泽匀齐。

经过外形、内质的审评，依据黄茶品质标准，正确判断黄茶的品质等级或优次。

三、审评要点

1.分清黄茶品种花色

黄茶不作为大宗产品统一规格精制，其外形因子评比可参考绿茶和黄茶品质特征要求。按鲜叶老嫩分芽茶和叶茶。黄芽茶有君山银针、蒙顶黄芽和霍山黄芽等。黄小茶有远安鹿苑、北港毛尖、沩山毛尖和平阳黄汤等。黄大茶有霍山黄大茶和广东大叶青。审评时先对照外形分类。

2.黄茶品质的评定

黄茶的内质审评类同绿茶。外形、内质色泽以"黄"为基本特征。

（1）香气　评纯异、长短。一般黄茶香高浓带火旺香气，部分小茶带兰花香气，香气与花色品种、加工特殊性有关，如宁乡沩山毛尖有松烟香，霍山黄大茶有高爽焦香，这种火香视为正常的品质特征。香气要高浓持久，一般为清纯或纯正，特征不太突出。

（2）汤色　评深浅和亮度。黄芽茶色浅黄，黄小茶色杏黄，黄大茶色深黄，以明亮为好。绿色、褐色、橙色和红色均不是正常色，茶汤带褐色多系陈化质变之茶。

（3）滋味　以浓醇或醇爽为好。醇而不苦,粗而不涩,注意把握黄茶滋味的醇,回味甘甜润喉。

（4）叶底　评匀整和色泽。要求芽叶匀整,色泽黄亮,有绿有红都不是好黄茶的色泽。

四、常见品质弊病

1.外形与色泽常见品质弊病

黄茶的外形与鲜叶嫩度、采摘规格关系密切,有小叶种、大叶种,其产区分散,出现的品质缺陷也不尽相同。黄茶的变黄主要是在温湿条件下,叶绿素被破坏,使黄色物质更加显露出来。同时多酚类化合物发生非酶性自动氧化,并产生一些黄色物质。茶叶内其他化学物质也产生一些相应的变化。因此,原料与工序的控制情况直接影响品质。常见的有如下几种。

色泽枯褐:芽身色褐,毫色灰枯,不鲜润。常见于香低味淡,或贮藏过久的陈茶。

色泽青杂:色泽黄泛青绿。内质出现欠醇。由闷黄温湿度掌握偏低,或堆温不均匀引起。

色泽暗杂:由于揉捻时揉出茶汁过多,色泽变黑。滋味欠爽口。

2.香味常见品质弊病

闷黄是黄茶的制法特点,也是形成黄茶品质的关键工序。在黄茶加工过程中,虽然从杀青开始到干燥结束,都在为茶叶的黄变创造条件,但黄变的主要阶段还是在闷黄工序。影响闷黄的因素主要有茶叶的含水量和叶温。含水量越多,叶温越高,则湿热条件下的黄变进程也越快。如果温度与水分控制不当,则不利于香味的形成。

香味低闷:香低、不通透,无清悦感。黄小茶除烟香外,香气应以清纯为优。

香味青涩:茶味甘醇度不足,略带青涩。

香味闷熟:鲜爽度差,欠清爽。由于闷黄时间过长,且透气不足。

3.汤色和叶底常见品质弊病

形成黄茶品质的主导因素是热化作用。在黄茶加工过程中,湿热与干热两种热化作用都有,从而形成黄茶独特品质。湿热作用引起叶内成分一系列氧化、水解变化,这是形成黄叶黄汤、滋味醇厚的主要原因。湿热不足是汤色和叶底转色不够的原因。

汤色泛绿欠黄亮:闷黄不足。

汤色黄红:杀青温度偏低。

叶底绿暗:叶底色绿暗,同时出现汤涩带青。

叶底青绿:叶底色黄泛青绿色。与红茶生青不同,指闷黄不匀的青绿叶。与闷黄时间偏短有关。

叶底黄暗:闷黄过度。

第四节　黑茶的审评方法

一、外形审评

散茶与篓装茶的外形审评主要是审评条索(嫩度)、色泽、整碎、净度四因子,紧压茶加评形态因子。

我国黑茶中的砖茶,又分里茶和面茶,面茶又有洒面和洒底的区别;也有不分里茶面茶的。

分里茶面茶的如青砖、康砖、紧茶、圆茶、饼茶、沱茶等,要评整块外形的匀整度、松紧度和洒面三个因子。匀整度看形态是否端正,棱角是否分明,压模纹理是否清晰;松紧度看砖的厚薄是否均匀,有无斧头砖、凹凸砖,大小是否一致,松紧是否适度;洒面看是否包心(里茶)外露,有无起层脱面,洒面洒底是否均匀。

不分里茶面茶的黑砖、花砖、茯砖、金尖等,外形要审评匀整、松紧、嫩度、色泽、净度等项因子;压制成篓、成包的湘尖、六堡茶,外形审评梗叶老嫩及色泽。匀整审评:要求形态端正,棱角整齐,模纹清晰,有无起层脱面,松紧厚度大小一致。嫩度审评:看梗叶老嫩。色泽审评:油黑光润程度。净度审评:看老梗筋杂含量,梗长超过 3 cm 的不能多于 5%,是否有茶籽、果壳,有无非茶类夹杂物。条索审评:看松紧、卷折,嫩度高的散茶看条索紧卷程度、粗茶亦呈折叠条,不能有单张无卷折的老叶。茯砖要加评发花情况,要求金花(冠突散囊菌)量多、粒大,普遍茂盛。

黑砖、花砖、青砖等蒸压越紧越好,茯砖、饼茶、沱茶要求施压松紧适度。外形色泽,黑砖、花砖、青砖、饼茶要求黑褐油润,茯砖要求黄褐,康砖要求棕褐,金尖要求猪肝色,紧茶要求乌黑油润,普洱散茶要求褐红,六堡茶、湘尖均要求黑润色泽,南路与西路边茶要求棕褐红。

砖形茶的外形审评,还要检验外形规格、重量等项目,按标准称其净重及检验长、宽、高是否符合标准要求。

砖茶捏碎后,评审原料拼配情况,注意有无粉末过多、集中成团或有无烧心、霉变的情况。茯砖中除有金花表示品质好的冠突散囊菌外,不允许白霉、黑霉、青霉、红霉等出现。茯砖开砖后,闻其干香具有菌花香者为佳品。

二、内质审评

1.审评方法

黑茶的内质审评,将砖(饼)形的紧压茶敲破、捏碎均匀,称取 3 g,用 150 mL 沸水冲泡 5 min 后开汤审评,审评香气、滋味、汤色、叶底四项因子。写出评语,记好评分。

2.审评内容

(1)香气　砖茶及篓装散茶均具陈香。因黑茶经过渥堆发酵堆积没有绿茶清香;又因原料较粗老,工艺特殊,没有红茶、青茶的甜香、花香。黑茶的陈香不应有陈霉气味,六堡茶、方包茶应具松烟香。

(2)滋味　黑茶滋味主要是醇而不涩。普洱茶滋味醇浓,康砖茶醇厚，其他茶醇和、纯正，六堡茶具槟榔香味，湖南天尖醇厚，贡尖醇和，黑砖醇和微涩。

（3）汤色　黑茶类的汤色评色度、亮度、清浊度。黑茶汤色以橙黄或橙红为佳。普洱茶呈橙红色，琥珀汤色；普洱沱茶、七子饼茶等呈深红色；普洱紧茶呈红浓色；普洱散茶高级茶呈橙红色，中低级茶要求红亮。湖南"三尖"汤色橙黄，"三砖"、茯砖要求橙红，花砖、黑砖要求橙黄带红为主。六堡茶要求汤色红浓。康砖要求红黄色，青砖要求黄红色。汤色要求明亮，忌浊；汤浊者香味不纯正或馊或酸，多视为劣变。

（4）叶底　黑茶除篓装茶叶底黄褐及普洱茶叶底红褐亮匀较软外，其他砖茶的叶底一般黑褐较粗。这主要是长时间在微生物活动或高温高湿的环境下酿成的。黑毛茶叶底还要察看有无"丝瓜瓢"。"丝瓜瓢"的表现是叶肉与叶脉分离，很像留种丝瓜的瓢子，这是渥堆过度的结果。嫩茶叶底泥滑是渥堆过度所致。

经过外形、内质审评，依照各茶的品质标准，正确判断黑茶品质优次。

三、常见品质弊病

闷气：主要由于发酵不足、不匀、蒸热气不透散而生一种淡薄的"捂闷气"。

闷味：闷杂味。渥堆过程时间长，温度低，微生物作用不足；或温度过高，未及时翻堆。指味道淡薄，无活力。

酸气：指发酵不足或水分过多而出现的有酸感的气味。

馊气：指渥堆温度低、发酵不足而发出的类似酒糟的气味。

霉味：受杂霉污染霉变，类似潮湿贮藏物产生的霉变气味，有令人不愉快的霉味，不同于陈味、陈香。

青涩：常因渥堆发酵不足而产生滋味的青气且带有涩口感。

平淡：常因发酵过度，茶汤口感似喝白开水，淡薄、无味。

汤色偏黄：指普洱紧压茶类由于发酵不足使汤色偏黄，不符合红浓的品质要求。

深红偏暗:常因发酵过度而引起汤色暗浊。

黑烂:指叶底夹杂变质的渥堆叶,色黑、叶质无筋骨。渥堆湿度过大,温度高未及时"翻堆",堆心叶腐烂变质。

第五节 青茶(乌龙茶)的审评方法

一、审评方法

乌龙茶的审评方法有通用法和盖碗法。

1.通用法

称取评茶盘中混匀的茶样 3 g,置于 150 mL 评茶杯中,注满沸水,立即加盖,计时。浸泡 5 min,到规定时间后按冲泡顺序依次等速将茶汤滤入审评碗中,留叶底于杯中,按照香气、汤色、滋味、叶底的顺序逐项审评。

2.盖碗法

乌龙茶习惯用钟形有盖茶瓯冲泡。其特点是:用茶多,用水少,泡时短,泡次多。审评时也分干评和湿评,通过干评和湿评,达到识别品种和评定等级优次。

外形审评同通用审评方法。

内质审评时,称取 5 g 茶样置于 110 mL 钟形杯中,审评冲泡 3 次,冲泡时间依次为 2 min、3 min、5 min。第一次以沸水注满,用杯盖刮去液面的泡沫,并加盖。1 min 后揭盖闻其盖香,评香气的纯异;2 min 后将茶汤沥入评茶碗中,初评汤色、滋味。接着第二次注满沸水,2 min 后,揭盖闻盖香,评香气的类型、高低;3 min 后将茶汤沥入评茶碗中,再评汤色、滋味。接着第三次注满沸水,加盖,3 min 后,揭盖闻其盖香,评香气持久性;5 min 后将茶汤沥入评茶碗中,再评汤色、滋味,比较其耐泡程度,然后评叶底香气。最后将杯中的叶底倒入白色搪瓷叶底盘中,加适量的清水漂看审评叶底。结果判断以第二泡为主要依据,兼顾前后。

二、审评要点

乌龙茶审评以内质香气和滋味为主，其次才是外形和叶底，汤色仅作参考。毛茶外形审评对照标准样评比：条索、色泽、整碎、身骨轻重和净度等因子。看内质审评以香、味为主，兼评汤色和叶底。

1. 外形审评

审评乌龙毛茶外形，评比条索、颗粒是否紧结、重实，形状与品种特征是否一致；有无粗松等低次缺点。评比色泽是否油润鲜活、品种呈色特征是否明显；有无枯暗、死红、枯杂等缺点。评比条索完整程度；下身茶碎末所占比重，评比梗朴等夹杂物含量多少。

（1）品种 是根据毛茶的条形、枝梗等特征判明其品种名称，根据不同品种要求进行评定，但均以紧结重实的好，粗松轻飘的差。如铁观音肥壮、结实，腰鼓筷（梗壮如鼓槌），棕叶蒂（柄肥宽叶背卷）；黄棪黄细薄（叶薄色黄，梗细小尖梭）；本山竹仔枝；水仙四方梗等。

（2）形状区别 铁观音、色种、佛手等经过包揉，外形卷曲紧结。同属卷曲形，铁观音沉重，佛手壮实圆结，色种外形卷曲紧结。岩水仙、岩奇种没有包揉，呈直条形壮结。水仙比奇种壮大，岩水仙壮大、弯曲、主脉宽大扁平，具蜻蜓头三节色。岩奇种条形中等，闽北乌龙茶较为瘦小挺直，无蜻蜓头特征。凤凰单枞为直条形；岭头单枞为弯条形。漳平水仙茶饼为小方饼形，边长约 3.8 cm，厚度约 1 cm。

（3）色泽评比 评比颜色、枯润、鲜暗，多以鲜活油润为好，死红枯暗为差，依品种不同有砂绿润、乌油润、青绿、乌褐、绿中带金黄等色泽。颜色有特殊色（高级茶）、正常色和缺点色之分。色乌油润或翠绿或芙蓉色属特殊色；青蒂绿腹红镶边为三节色，发酵正常则显黄绿色；青绿、暗绿、暗乌、暗红、褐红、焦红、青苍等为缺点色。乌油润或翠绿色、砂绿显、红点明则色泽佳，品质好；色暗红为做青过度，青绿则为做青不足。色泽好的茶叶，可判断香气高或纯正,滋味醇厚鲜爽;色泽差的茶叶,则其品质亦差。

青毛茶外形重视整碎度,忌断碎,因断碎会失去品种特征。看净度视茶梗、茶朴、老叶等夹杂物含量多少而定。青茶的粗细老嫩,应根据各品种要求而定,不是越嫩越好,过嫩滋味苦涩,过粗老则香低味淡。

2. 内质审评

(1)评香气　主要分辨香型、细粗、锐钝、高低、长短等。以花香或果香细锐、高长的为优,粗钝、低短的为次。嗅香气分干嗅和湿嗅,干嗅对估计火候有作用。火候足,香气清新;火候稍退,香气钝;火候不足,香中带青气。湿嗅判断高低、长短、细粗。评香气还要仔细区分不同品种茶的独特香气,如铁观音的兰花香、观音韵,黄梭的蜜桃香或桂花香,肉桂的桂皮香,武夷岩茶的花香岩韵,凤凰单枞的黄枝花香等。

(2)看汤色　汤色,有深浅、明暗、清浊之别。以橙黄清澈的为好,橙红带浊的为差。乌龙茶的汤色受做青程度、烘焙温度和时间影响。不同种类乌龙茶之间茶汤颜色的不同并不代表品质的高低,而明暗和清浊则能反映品质的优劣。

(3)评滋味　滋味,有浓淡、厚薄、爽涩及回味长短之分,以浓厚、浓醇、鲜爽回甘者为优,粗淡、粗涩者为次。分次冲泡,鉴别滋味浓淡、厚薄、苦甘、爽涩及"茶香入味"程度;茶味是否夹青、青涩、苦涩、回味带苦、带青或其他杂异味。品种间的滋味特点一般为铁观音醇厚甘鲜,本山尚浓厚,黄校清醇,岩水仙醇厚—醇滑,闽北乌龙浓醇—浓厚,闽北水仙鲜醇—醇厚,凤凰单枞鲜浓—浓醇,岭头单枞鲜醇—浓厚,台湾红乌龙醇厚软甜。

(4)评叶底　评叶底,比厚薄、软硬、匀正、色泽、做青程度等。叶张完整、柔软、厚实、色泽青绿稍带黄,红点明亮的为好,叶底单薄、粗硬、色暗绿、红点暗红的差。做青适当,红色部分鲜艳称朱砂红,青的部分明亮;做青不当,色泽死红或色杂,红色部分发暗,青色部分深或暗,少见红点的叶底称"饱青",最不好的是"积水""死青"的暗绿色和死红张。

叶底的性状是茶叶品质色、香、味的体现,是准确判定品质优次的重要参考因素。叶底审评包括嗅叶底香和洗看茶渣两个步骤。①嗅叶底香:茶叶经过冲泡后,部分香气逸出,部分香气混合在茶汤内,余下部分香气结合在叶底中。嗅叶底香主要是辨别香型强弱、长短、异杂、焦味等。②洗看茶渣主要观察以下项目:叶底色泽及红点红边程度、品种纯度、肥厚度、嫩度、整碎度等。如水仙品种叶张大,主脉基部宽扁,铁观音叶张肥厚呈椭圆形,佛手叶张近圆形,毛蟹叶张锯齿密,黄梭叶张较薄、叶色黄绿。

三、常见品质弊病

品质缺陷要注意观测,综合分析。应用所学知识,做好质量控制。

1. 外形与色泽常见品质弊病

影响外形和色泽的因素主要有鲜叶的品种特性和采摘情况,加工技术水平和设备配置与使用。常见的品质缺陷如下。

形状粗松:与原料粗老关系密切。

形状断碎:形状断碎,长短、大小参差不齐,片碎茶多。与工艺不当或包装运输不当有关。

色泽枯燥:色枯无光泽,由原料粗老等所致。

色泽乌燥:表现为色乌不润,火功不当引起为多。

色泽乌褐:乌不润,褐色无光,暗黑无光。与季节、水分控制等不良有关。

色泽青枯或青红枯:茶色泽青绿或枯红与青绿夹杂。常见于做青不足或品种原料不适合,往往出现内质味青或青涩感明显。

2. 香味和滋味常见品质弊病

乌龙茶的香气中以水解生成的高沸点成分占有较大比重,因为在晒青和做青过程中,光照、温度及长时间水分交替变化,做青时还阳与退青中,发生的水解反应是十分明显的,并且细胞组织的机械损伤可加速萜烯糖苷的水解。此外,一些低沸点的不良气味成分在加工过程中也会得到充分释逸。因此,晒青和做青不足,会留下太多青叶醇和青叶醛,使茶叶带有明显的青气(俗称臭青气),使清香气不显露;同时也会使以萜烯糖苷形式存在的香气前体水解不够,尤其会减少橙花叔醇这一具有代表性的乌龙茶香气成分,使香气品质下降。

乌龙茶要求滋味醇厚鲜爽、回甘好。乌龙茶属于半发酵茶类,它通过摇青使叶缘细胞受损,使多酚类物质发生适度的氧化反应,生成茶黄素、茶红素等滋味物质。此外,在整个加工过程中也伴随着大分子物质的水解,形成氨基酸和可溶性糖等,造成不良滋味的原因主要是做青不适度,未使鲜叶内含物发生适度的转化。杀青、揉捻、包揉、烘焙等技术水平掌握情况也同样影响香味。

常见的品质缺陷,举例如下。

生青:与做青、杀青不足有关。

青闷气:热嗅有清香,温嗅有青闷气,叶底气味生青。

粗青:带有粗老气和青叶气味,因原料偏粗老,加上做青不足所致。

发酵气:摇青不匀、老嫩叶差异大。

闷黄味:香味低且不爽,夹带闷黄气味。由杀青未闷透,结合揉捻后热堆包揉定型时间长引起。

闷熟味:包揉温度偏高,时间过长。

青涩:做青、杀青不足。

苦涩:做青中青叶走水不良。

回味苦:茶汤浓涩或粗涩、有苦味,回味带苦无甘,常见于夏茶或较嫩的原料,单枞类的秋茶味硬、回味清苦。

酵味:香味低弱不爽、夹带发酵的气味;多因做青过度引起。

馊味:香气低闷、茶味青馊夹杂,不酸,但有使人不快的青馊味。出现于杀青不熟透、定型时间过长的包揉茶。

渥红味:做青过度,或做青不均匀引起。

滋味淡薄:凉青过度、原料偏粗老。

欠纯:品种混杂等。

焦味:炒青温度太高,炒青程度不匀,部分生叶炒焦。或因干燥中温度偏高,或连续长时高温等所致。超过度高温还可能产生炭焦气味。

异杂味:被其他物质污染。茶园管理不规范,加工场所卫生条件差,贮存条件差等都可能引起。

3.汤色和叶底常见品质弊病

茶叶中水溶性物质成分和成分组合影响茶汤色泽和明亮程度。茶条表面附着的微粒等,加工中对叶组织结构的影响程度,在汤色和叶底中都有所表征。

红汤:浅红色或暗红色,常见于陈茶或烘焙过头的茶。

青浊:做青不足,茶汤青黄色,加上杀青不透,揉捻或包揉后,引起茶汤浑浊。

浑浊:与杀青不足、揉捻偏重、包揉压力偏重等因素有关。

焦浊:茶汤焦末多,大多由炒青局部温度过高致焦边焦叶,带来焦末多。

死红张:有深暗褐的叶张或半叶,卷缩不开展,夹杂死红叶片的为"死张"。与做青关系大,如摇青过重,嫩叶部分早红变。

青张:无红边的青色叶片。摇青偏青,做青间温度过低引起。若青张多,则汤青,味色不醇。

暗张:夹杂暗红叶片的为"暗张"。缘于摇青前期偏重。往往致香味浊或低淡。

焦黑:烘焙温度过高,叶底局部焦条,冲泡时欠展。

叶底硬挺:做青不足或做青温度过低,呈青硬状。

叶底粗硬:茶叶原料粗老。

叶底暗黄:杀青闷炒过多,茶青粗老,呈枯黄色。

叶底青绿:杀青不足。

叶底褐红:采摘不当,晒青焦伤;做青不当,导致叶底褐红,鲜红度差,红中带黑;杀青不足不均匀也会产生此现象。

叶底不清:有红筋、红叶、伤红条时,在香味上带黄红味;青绿和红变混杂,整叶红边,在香味上表现生味和红浊味混合味,欠纯。

以上只是对乌龙茶常见的品质弊病做部分举例说明,由于乌龙茶加工工艺复杂,影响乌龙茶品质的因素有多种,因此在生产上对出现的品质缺陷要注意观测,综合分析,才能做好质量控制。

第六节　白茶的审评方法

一、审评要点

1. 对样审评方法

（1）外形评比

①嫩度:把标准样(或收购样、参考样等,下同)和供试样分别倒入茶盘,以标准样为对照,选择嫩度靠近供试样等级的标准样做比较(以下各因子同),评供试样的嫩度。评比毫心量的大小,肥壮和瘦小,评比一芽一叶、一芽二叶等含量多少,并及时用准确的审评用语记录下来,评出供试样嫩度相当于标准样的水平(毛茶为级等,精茶为级别档次,以下各因子同)。

②色泽:对照标准样比毫色是否银白有光泽,叶面灰绿、叶背银白或墨绿、翠绿色为好,铁板色、草绿黄、黑、红为劣,并做审评记录,评出供试样相当于标准样的水平。

③形状:对照标准样,看试样叶态是平伏舒展,还是叶片摊开;叶缘垂卷,叶面有隆起波纹,还是折皱、弯曲;芽叶连枝稍并拢,叶尖上翘,还是芽叶断开等,并做好记录,评出相当于标准样的水平。

④净度:对照标准样,看是否含有蕾、老梗、老叶及蜡叶,禁含非茶类夹杂物,并做好记录。

（2）内质评比　对照标准样开汤审评,操作方法同红、绿毛茶。白毛茶内质以叶底嫩度和色泽为主,兼评香气、滋味和汤色。

①汤色:白茶开汤后,由于茶汤在空气中变化快,必须首先将汤色对照标准样评定,汤色以橙黄明亮(或浅杏黄)为佳,红、

暗、浊为劣,并做好记录。

②香气:对照标准样,香气以毫香浓显、清鲜纯正为佳,淡薄、青香、风霉失鲜、发酵熟感为次,评香气高低,并做好记录。

③滋味:白茶滋味以鲜美、醇厚、清甜为佳,粗涩淡薄为差,对照标准样评出滋味好坏程度,并做好记录。

④叶底:如果白茶叶底的嫩度、色泽好,它的香味一定是好的,因此叶底的嫩度、色泽作为内质重要因子加以评定。叶底嫩度以匀整、肥嫩、毫芽多为佳,硬挺破碎、粗老为差;色泽鲜亮为好,暗杂、花红、焦红边为差。对照标准样评定出供试样相当于标准样的水平。

2. 季节茶的区别

白茶因采摘时间、地区和茶树品种不同,品质各异。由于采摘时间不同,各季茶品质相差较明显,春茶产量高、品质佳;夏茶品质最差;秋茶产量低,品质介于春、夏茶之间。审评时必须掌握其品质特征加以辨别。一般春茶叶张形态垂卷,叶质柔软,芽叶连枝,大小比较整齐,毫心肥壮,色泽灰绿鲜显,茸毛洁白,茶身沉重,净度好,汤味浓厚、爽口。夏茶毫心瘦小,叶质带硬,色枯燥,带花杂,枝梗较细,叶张大小不一,茶身轻飘,汤味淡薄或稍带青涩。

3. 白茶成品茶审评

白茶品种有银针白毫、白牡丹、贡眉(出口名称为中国白茶)和寿眉。除少量银针白毫外,大部分产品为白牡丹和贡眉,分特级、一级、二级和三级。白茶审评重外形兼看内质。外形主要鉴别嫩度、净度和色泽。按不同花色品种评定。

银针白毫要求毫心肥壮,具银白光泽。毫香清鲜,清甜毫味浓,滋味鲜爽微甜为上,汤色明亮呈浅杏黄色为好,欠新鲜或带青的为次。

白牡丹要毫心与嫩叶相连不断碎、灰绿透银白;高档茶香气鲜嫩纯爽,毫香显,汤色橙黄清澈,味浓爽甜醇,毫味足,叶底嫩软肥壮多芽,芽叶连枝,叶张完整,叶色黄绿、梗脉微红明亮;香气粗青、汤色泛红、滋味粗淡、叶底红黄及破损的为低下。

高级贡眉要微显毫心,鲜爽有毫味,叶底以细嫩、柔软、匀整、鲜亮者为佳。中档产品叶底只求叶张软嫩有芽尖,色灰绿匀亮,不要求肥壮。

凡粗涩、淡薄者为低品。汤色深黄色者次,红色为劣。暗杂或带红张者为低次。

4. 白毛茶审评

白毛茶为福建特产。依茶树品种和采制方法不同,可分为"大白""水仙白""小白"三种。白茶审评方法和用具同绿茶。白茶审评重外形,评外形以嫩度、色泽为主,结合形态和净度。评嫩度比毫心多少、壮瘦及叶张的厚薄。以毫心肥壮、叶张肥嫩为佳;毫芽瘦小稀少,叶张单薄的次之;叶张老嫩不匀、薄硬或夹有老叶、蜡叶为差。评色泽比毫心和叶片的颜色和光泽,以毫心叶背银白显露,叶面灰绿,即所谓银芽绿叶、绿面白底为佳;铁板色次之;草绿、黄、黑、红色、暗褐色及有蜡质光泽为差。评形状比芽叶连枝,叶缘垂卷,破张多少和匀整度。以芽叶连枝,稍微并拢,平伏舒展,叶缘向叶背垂卷,叶面有隆起波纹,叶尖上翘不断碎,匀整的为好;叶片摊开,折皱、折贴、卷缩、断碎的为差。评净度要求不得含有籽、老梗、老叶及蜡叶。评内质以叶底嫩度和色泽为主,兼评汤色、香气、滋味。评汤色比颜色和清澈度,以杏黄、浅黄清澈明亮的为佳;深黄或橙黄次之;泛红、红暗的为差。香气则以毫香浓显,清鲜纯正的为好;淡薄、青臭、风霉、失鲜、发酵、熟老的为差。滋味以鲜爽、醇厚、清甜的为好;粗涩、淡薄的为差。评叶底嫩度比老嫩、叶质软硬和匀整度,色泽比颜色和鲜亮度,以芽叶连枝成朵,毫芽壮多,叶质肥软,叶色鲜亮,匀整的为好;叶质粗老、硬挺、破碎、暗杂、花红、黄张、焦叶红边的为差。

二、常见品质弊病

1. 外形与色泽常见品质弊病

影响白茶外形和色泽的因素主要有鲜叶芽肥嫩程度、茸毛多少、形状姿态、色泽在萎凋控制中的变化程度等。

常见的品质缺陷,举例如下:

形状平板:叶片平摊,叶缘不垂卷。与白牡丹茶加工工艺中并筛有关。

形状断碎:叶梗分离,叶张破碎断碎。与白牡丹茶的采摘不当和干燥、装箱时间控制有关。

叶态平展:叶缘欠垂卷,因并筛不及时,或并筛时操作粗放所致。

色泽燥绿:由于过快风干,来不及转色、形成青枯绿色,叶脉不转红。

色泽枯黄:温高干燥,叶色泽黄枯。

红叶多或变黑:开青后置架上萎凋,萎凋中不许翻动、手摸,以防芽叶因机械损伤而红变,或因重叠而变黑。

色泽红张、暗片:毫色灰杂,白牡丹叶片红枯,或暗褐无光泽至黑褐色。银针芽身红变,毫色灰黑。同时也影响香味品质,数量多时产生发酵气味。

色泽花杂、橘红:在复式萎凋中处理不当,毛茶常出现色泽花杂、橘红等缺点。

黑霉现象:多见于阴雨天,萎凋时间过长,或低温长时堆放、干燥不及时等。

蜡叶老梗:多见于采摘粗放,夹带不合格的原料。

破张多:欠匀整,与干燥水分控制不当,干燥后装箱不及时有关,操作时缺少轻取轻放的良好规范。

毫色黄:与干燥温度偏高有关。

2.香味常见品质弊病

白茶品质形成的影响因素很多,除茶叶品种和采摘标准外,萎凋的条件如温度、湿度、通风等条件,都会影响萎凋时间的长短,而萎凋时间的长短和干燥方法又影响白茶的品质。

滋味青涩:多见于萎凋时间不足,或速度偏快。

香味青味:茶味淡而青草味重,同时干茶色泽青绿。常见于温度转高,失水速度快,萎凋不足。

香味酵气:香气缺乏新鲜感带发酵气味。操作不当,损伤芽叶多。

毫香不足:外观有毫但毫香不足,多见于烘温控制不当。

3.汤色和叶底常见品质弊病

在萎凋中,过氧化物酶催化过氧化物参与多酚类化合物的氧化,产生淡黄色物质。这些可溶性有色物质与叶内其他色素构成白茶杏黄或橙黄的汤色。若萎凋中温度过高,堆积过厚,或机械损伤严重,使叶绿素大量被破坏,暗红色成分大量增加,则呈暗褐色至黑褐色。若萎凋时萎凋室湿度过小,芽叶干燥过快,叶绿素转化不足,多酚类化合物氧化缩合产物很少,色泽呈青绿色,俗称"青菜色",品质大大下降。

汤色暗黄:黄较深暗。

红汤:由于萎凋叶损伤多,引起汤色泛红。

暗张:叶子因多酚氧化过度而呈黑褐色。

红张:萎凋过度,叶张红变。

青绿:叶底色泽呈类似青菜色,香味也带青气或青涩。

第七节　红茶的审评方法

一、审评方法

红茶审评项目包括外形、汤色、香气、滋味和叶底。在现行的审评方法国家标准中(GB/T 23776—2009),基本的规定均为内质审评开汤按 3 g 茶、150 mL 沸水冲泡 5 min 的方式进行操作。

红茶审评的操作流程如下:

取样—评外形—称样—冲泡、计时—沥茶汤—闻香气—评汤色—尝滋味—看叶底。

具体操作方法参见通用审评法。

英国用标准容量杯为 140 mL,每杯茶样质量为 2.8 g 或 2.85 g,冲泡时间 6 min,到时将茶汤倾入瓷碗中,审评香气、滋味。

而红茶加奶审评法,则在开汤沥出的茶汤中,加入 1/10 茶汤量的鲜牛奶(15 mL)。加奶后茶汤色粉红或棕红明亮为好,淡红或淡黄为次,暗褐或灰白的为差。加奶后的茶汤滋味以有明显的茶味为好,而奶味明显、茶味淡薄的为差。

二、审评要点

1. 工夫红茶

(1)外形审评 工夫红茶审评也分外形、香气、滋味、汤色、叶底五项。外形的条索比松紧、轻重、扁圆、弯直、长秀、短钝。嫩度比粗细、含毫量和锋苗兼看色泽润枯、匀杂。条索要紧结圆直,身骨重实。锋苗及金毫显露,色泽乌润调匀。整碎度比齐、平伏和下盘茶含量,要锋苗、条索完整。净度比梗筋、片朴末及非茶类夹杂物含量。

(2)内质审评 工夫红茶香气以开汤审评为准,区别香气类型,鲜纯、粗老、高低和持久性。一般高级茶香高而长,冷后仍能嗅到余香;中级茶香气高而稍短,持久性较差;低级茶香低而短或带粗老气。以高锐有花香或果糖香,新鲜而持久的好;香低带粗老气的差。

汤色比深浅、明暗、清浊。要求汤色红艳,碗沿有明亮金圈,有"冷后浑"的品质好,红亮或红明者次之,浅暗或深暗浑浊者最差。但福建省的小种红茶以松烟香和桂圆汤味为上品。

叶底比嫩度和色泽。嫩度比叶质软硬、厚薄,芽尖多少,叶片卷摊。色泽比红艳、亮暗、匀杂及发酵程度。要求芽叶齐整匀净,柔软厚实,色泽红亮鲜活,忌花青乌条。

2. 红碎茶

世界产茶国所产的红茶,大多是红碎茶。红碎茶审评以内质的滋味、香气为主,外形为辅。国际市场对红碎茶品质要求:外形要匀正、洁净、色泽乌黑或带褐红色而油润,规格分清及一定重实度。内质要鲜、强、浓,忌陈、钝、淡,要有中和性,汤色要红艳明亮,叶底红匀鲜明。

(1)外形审评 外形主要比匀齐度、色泽、净度。匀齐度比颗粒大小、匀称、碎片末茶规格分清。评比重实程度,如 10 g 茶的容量不能越过 30~32 mL,否则为轻飘的低次茶。碎茶加评含毫量,叶茶外形评比匀、直、整碎、含毫量和色泽。色泽评比乌褐、枯灰、鲜活、匀杂。一般早期茶色乌,后期色红褐或棕红、棕褐,好茶色泽润活,次茶灰枯。净度比筋皮、毛衣、茶灰和杂质。

(2)内质审评 内质主要评比滋味的浓、强、鲜和香气以及叶底的嫩度、匀亮度,见表4-3。

表4-3 工夫红茶品质评语与各品质因子评分表

因子	级别	品质特征	给分	系数
外形	甲	细紧或紧结、显金毫、有锋苗、色乌润或显棕褐金毫,匀整,净金褐色棕褐金毫,匀整,净	90~99	25%
	乙	较细紧或较紧结,稍有金毫,尚乌润,匀整,较净	80~89	
	丙	紧实,尚乌润,尚匀整,尚净	70~79	
汤色	甲	红亮	90~99	10%
	乙	尚红亮	80~89	
	丙	红欠亮	70~79	
香气	甲	嫩甜香	90~99	25%
	乙	有甜香	80~89	
	丙	纯正	70~79	
滋味	甲	鲜醇	90~99	30%
	乙	醇厚	80~89	
	丙	尚醇	70~79	
叶底	甲	细嫩或肥嫩,多芽,红亮	90~99	10%
	乙	嫩匀有芽,红尚亮	80~89	
	丙	尚嫩、尚红亮	70~79	

来源:蔡烈伟,等.茶学应用知识[M].厦门:厦门大学出版社,2014.

红碎茶香味要求鲜爽、强烈、浓厚(简称鲜、强、浓)的独特风格,三者既有区别又要相互协调。浓度比茶汤浓厚程度,茶汤进口即在舌面有浓稠感觉,如用滴管吸取的茶汤,滴入清水中扩散缓慢的为浓,品质好,淡薄为差。强度是红碎茶的品质风格,比刺激性强弱,以强烈刺激感有时带微涩无苦味或不愉快感为好茶,醇和、平和为差。鲜度比鲜爽程度,以清新、鲜爽为好,迟钝、陈气为次。

表4-4为红碎茶品质评语与各品质因子评分表。

表4-4 红碎茶品质评语与各品质因子评分表

因子	级别	品质特征	给分	系数
外形	甲	颗粒重实、匀称,色棕褐	90～99	10%
	乙	颗粒尚实,色棕	80～89	
	丙	颗粒欠重实,色花杂	70～79	
汤色	甲	红亮	90～99	15%
	乙	尚红亮	80～89	
	丙	欠红亮	70～79	
香气	甲	新鲜高锐	90～99	30%
	乙	纯正	80～89	
	丙	熟闷	70～79	
滋味	甲	浓爽,有收敛性	90～99	35%
	乙	浓厚	80～89	
	丙	青涩	70～79	
叶底	甲	嫩匀,红亮	90～99	10%
	乙	尚嫩,尚红亮	80～89	
	丙	欠嫩、暗褐	70～79	

来源:蔡烈伟,等.茶学应用知识[M].厦门:厦门大学出版社,2014.

汤色以红艳明亮为好,灰浅暗浊为差。决定汤色的主要成分是茶黄素(TF)和茶红素(TR)。汤色的深浅与 TF 和 TR 总量有关,而明亮度与 TF 与 TR 的比例有关,在一定限度内比值愈大,汤色愈鲜艳。茶汤的乳凝现象,是汤质优良的表现。习惯采用加乳审评的,每杯茶中加入为茶汤 1/10 的鲜牛奶,加量过多不利于识别汤味。加乳后汤色以粉红明亮或棕红明亮为好,淡黄微红或淡红较好,暗褐、淡灰、灰白者差。加乳后的汤味,要求仍能尝出明显的茶味,这是茶汤浓的反应。茶汤入口两腮立即有明显的刺激感,是茶汤强烈的反应,如果是奶味明显,茶味淡薄,汤质就差。

叶底比嫩度、匀度和亮度。嫩度以柔软、肥厚为好,糙硬、瘦薄为差。匀度比老嫩均匀和发酵均匀程度,以颜色均匀红艳为好,驳杂发暗的差。亮度反映鲜叶嫩度和工艺技术水平,红碎茶叶底着重红亮度,而嫩度相当即可。

三、常见感官品质状况

1.外形

形态:条形、颗粒形、片形。

色泽:乌黑、乌润、棕红、棕褐、黑褐。

2.汤色

红艳、红亮、浅红、深红、暗红。

3.香气

花香、果香、嫩甜香、高甜、甜香、高火香、松烟香。

4.滋味

浓烈、浓强、浓厚、浓醇、鲜醇、醇厚、甜醇、醇爽、醇和、平和。

5.叶底

形态:细嫩、肥嫩、显芽。

色泽:红艳、红亮、红明、赤铜色、暗红、暗褐。

四、红茶常见品质弊病

红茶中的大部分品质弊病也是其他茶类所共同存在的,但有些品质弊病与红茶加工技术直接相关。

异味污染:在加工、贮运过程中吸附外源气味而致。

生青:萎凋发酵不足常导致红茶滋味的生青而缺乏甜鲜感。

灰暗:红茶在精制过程中因与机壁摩擦过多,以及条形红头子茶轧切不当常产生灰暗。

熟闷:萎凋过度或发酵过重,会产生红茶风味的熟闷感。

水闷味:烘干温度低,或烘干堆叶过厚使干度不足会造成水闷味。

薄涩:萎凋、揉捻不足而且发酵轻的小叶种红茶,常有此弊病。

深暗:萎凋、发酵过重,以及受潮陈化的红茶茶汤,叶底会呈深暗。

欠活泼:红碎茶汤色暗、不新鲜,滋味欠鲜爽。

粗松:原料粗老;揉捻机性能不佳或操作方法不当,如揉捻初期即加重压。

团块:揉捻或团揉后,解块不完全,数个芽叶交缠成块。

黄片(头):粗老叶经重压揉碎者为黄片,粗老叶经揉成粗松团状者为黄头。

露筋:茶梗及叶脉因揉捻不当,皮层破裂,露出木质部。

黑褐(俗称铁锈色):萎凋不足,而大力搅拌,致使芽叶严重擦伤或压伤,强迫茶叶异常发酵所致。

浑浊:揉捻过度,尤其是团揉过度;揉捻机或其他制茶器具上,茶粉(末)未清除干净。

火味:炒青温度太高,炒青程度不均,部分生叶炒焦;茶叶经高温(140℃以上)长时间(4 h以上)烘焙;干燥温度太高,茶叶烧焦。

陈味(油耗味):茶叶贮放不当,油脂氧化引起。

第八节 再加工茶审评方法

一、花茶审评

1. 审评方法

花茶外形审评各项目与条形绿茶相同,评比条索、嫩度、整碎、净度。窨花后条索比素坯略松,色带黄属正常。开汤审评按嗅香气,看汤色,尝滋味,评叶底的顺序进行。汤色一般比索坯加深,但滋味较醇,叶底色泽也比茶坯叶底色泽稍黄。香气是花茶品质的主要方面,通常从鲜灵度、浓度和纯度三个方面来鉴别。

不同的花茶有不同的香型,一般茉莉花茶香气芬芳隽永,玉兰花茶香气浓烈,珠兰花茶香气清幽,柚子花茶香气爽纯,玳玳花茶香气浓郁,玫瑰花茶香气甘甜等。

花茶内质审评一般采用两种方法,即单杯审评法和双杯审评法。

(1)单杯审评法 又分一次冲泡和两次冲泡两种方法。

①单杯审评一次冲泡法:一般称取拌匀后的样茶 3 g,用 150 mL 的杯碗,冲泡前拣净花渣(花枝、花瓣、花蕊、花蒂,因为花渣中含有较多的花青素,使茶汤略带涩),冲泡时间为 5 min。开汤后先看汤色是否正常,接着趁热嗅香气,审评香气的鲜灵度,温嗅评香气浓度和纯度并结合滋味审评,上口时评滋味鲜灵度,要花香味上口快而爽口,在舌尖打滚时评比滋味的浓度、醇度。最后冷嗅香气评香气持久性。这种方法对审评技术比较熟练的评茶人员较适用。

②单杯审评两次冲泡法:单杯两次冲泡法是一杯样茶分两次冲泡。第一次泡 3 min,审评香气的鲜灵度,滋味的鲜爽度。第二次泡 5 min,评香气的浓度和纯度,滋味的浓醇。这种方法准确性较 5 min 一次冲泡法好,但操作麻烦、时间长,且汤色、滋味较 5 min 一次冲泡法稍有差别。

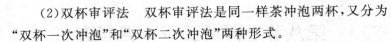

（2）双杯审评法　双杯审评法是同一样茶冲泡两杯，又分为"双杯一次冲泡"和"双杯二次冲泡"两种形式。

①双杯一次冲泡法：同一样茶称取两份，两杯同时一次冲泡，时间为 5 min，把茶汤倒入碗中，然后热嗅香气的鲜灵度，温嗅香气的浓度、纯度，冷嗅香气的持久程度。

②双杯二次冲泡法：同一样茶称取两份，每份为 3 g，150 mL 杯碗。

第一杯只评香气，分两次冲泡，第一次泡 3 min，评鲜灵度；第二次泡 5 min，审评香气的浓度和纯度。第二杯专供评汤色、滋味、叶底，原则上一次冲泡，时间为 5 min。具体操作是两杯样茶一起冲泡，第一杯泡 3 min，第二杯泡 5 min，先评第一杯香气的鲜灵度，当香气嗅得差不多时，第二杯冲泡时间到，即倒出第二杯茶汤，如第一杯香气鲜灵度没评好，可继续审评，评好后进行第二次冲泡，时间为 5 min，并立即审评第二杯的汤色、滋味、叶底。如此时第一杯第二次冲泡时间到，则先将茶汤倒出，仍继续审评第二杯的汤色、滋味、叶底，待第一杯第二次冲泡的杯温稍冷后，温嗅香气浓度和纯度。这样两杯交叉进行，直到审评结束。如意见有分歧，可将第二杯也进行第二次冲泡，时间为 5 min。这种方法较以上三种更准确。因为此法操作烦琐，花费时间较长，往往在样茶品质差异较小时或审评意见不一致时采用。

2. **常见品质弊病**

（1）外形

色泽偏黄：窨制花茶时堆温过高，或通花时间迟，或温坯堆放时间过长，或烘干温度过高。

造型松散：窨制花茶时堆放时间过长，茶坯含水量高，使茶条松开。

色泽深暗：选用的品种不合适、窨制的次数多。

（2）汤色

黄汤：窨制花茶时堆温过高，或通花时间迟，或温坯堆放时间过长。

（3）香气

透素：窨制时茉莉花用量少，下花量不足，或者是有足够的下花量，但通花时间过早，窨制时间不够，窨制不透，茉莉花香没有盖过茶香，透出茶香。

透兰：茉莉花香不突出，窨制时茉莉花用量少，下花量不足，而用于打底的玉兰花用量过多，使玉兰花香盖过了茉莉花香，以致透发出浓烈的玉兰花香。

闷气：这是窨制中通花散热不够，热闷的时间过长，或是最后没有用鲜花进行提花，或是虽有提花，但花朵不新鲜所致。

（4）滋味

滋味淡薄：茶叶原料粗老，或是茶叶陈化不新鲜，或是茶叶过嫩不耐泡。

闷味：茶叶含水量过高，窨制中通花散热不及时，烘干温度过低而造成。

烟焦味：这是烘干温度过高或漏烟所致。

滋味不纯正：夹杂有油墨、木材、塑料等其他异味，这是在存放中受外界气味或包装材料污染所致。

（5）叶底

色泽偏黄：窨制花茶时堆温过高，或通花时间迟，或温坯堆放时间过长，或烘干温度过高。

二、压制茶审评

压制茶审评一般分干评外形和湿评内质，同时还鉴定单位重量（出厂标准正差 1%，负差 0.5%）、含梗量和含杂量。压制茶内质审评分冲泡法和煮渍法两种。如湘尖、六保茶、紧茶、饼茶、沱茶等用冲泡法；黑砖、茯砖、青砖、花砖、米砖、康砖、金尖等均用煮渍法。称样和泡水比例按各自要求而定，一般冲泡法的茶水比例为 1∶50，煮渍法的茶水比例为 1∶80。

1. 外形审评

（1）分里面茶的审评　如青砖、米砖、康砖、紧茶、圆茶、饼茶、沱茶等，评整个外形的匀整度、松紧度和洒面三项因子。匀整度看形态是否端正,棱角是否整齐,压模纹理是否清晰。松紧度看厚薄、大小是否一致,紧厚是否适度。洒面看是否包心外露,起层落面,洒面茶应分布均匀。再将个体分开,检查梗子嫩度。里茶和面茶有无霉烂,夹杂物等情况。

(2)不分里面茶的审评 筑制成篓装的成包或成封产品有湘尖、六堡茶,其外形评比梗叶老嫩及色泽,有的评比条索和净度。压制成砖形的产品有黑砖、茯砖、花砖、金尖,外形评比匀整,松紧、嫩度、色泽、净度。匀整即形态端正,棱角整齐,模纹清晰,有无起层落面。松紧指厚薄、大小一致。嫩度看梗叶老嫩,色泽看油黑程度,净度看筋、梗、片、末、朴、籽的含量以及其他夹杂物,条索如湘尖、六堡茶看是否成条。茯砖加评"发花"状况,以金花茂盛、普遍、颗粒大的为好。

审评外形的松紧度时,黑砖、青砖、米砖、花砖是蒸压越紧越好,茯砖、饼茶、沱茶就不宜过紧,松紧要适度。审评色泽时,金尖要猪肝色、紧茶要乌黑油润,饼茶要黑褐油润,茯砖要黄褐色,康砖要棕褐色。

2.内质审评

汤色比红明度。花砖、紧茶呈橘黄色,沱茶要橙黄明亮,方包茶为深红色,康砖、茯砖以橙黄或橙红为正常,金尖以红带褐为正常。

香味:米砖、青砖有烟味是缺点,方包茶有焦烟气味为正常。

滋味:审评是否青、涩、馊、霉等。

叶底色泽:康砖以深褐为正常,紧茶、饼茶嫩黄色为佳。

含梗量:米砖不含梗子,青砖、茯砖、黑砖、花砖、紧茶、康砖、饼茶按品质标准允许含有一定比例当年生嫩梗,但不得含有隔年老梗。

三、速溶茶审评

速溶茶品质注重香味、冷溶度、造型和色泽。审评方法尚未统一,仍以感官审评为主。

1.外形审评

速溶茶外形评比形状和色泽。形状有颗粒状,碎片状和粉末状。无论什么形状的速溶茶,其外形颗粒大小和疏松度是鉴定速溶性的主要物理指标,最佳的颗粒直径为 $200\sim500\ \mu m$, $200\ \mu m$ 以上的需达 80%,$150\ \mu m$ 以下的不能超过 10%。疏松度以容重表示,一般容重在 $0.06\sim0.17$ g/mL,以 0.13 g/mL 为最佳。这样的速溶茶外形美观,速溶性好。造型过小溶解度差,造型过大松泡易碎。颗粒形的要求大小均匀,呈空心疏松状态,互不黏结,装入容器内具有流动性,无裂崩现象。碎片状的要求片薄而卷曲,不重叠。速溶茶含水量在 $2\%\sim3\%$,存放室的相对湿度最好在 60% 以下。否则容易吸潮结块,影响速溶性。色泽要求速溶红茶为红黄、红棕或红褐色,速溶绿茶呈黄绿色或黄亮,都要求鲜活有光泽。

2.内质审评

速溶茶内质审评的方法是:迅速称取 0.75 g 速溶茶两份,置干燥而透明的玻璃杯中,分别用 150 mL 冷开水($15℃$左右)和沸水冲泡,审评其速溶性,汤色和香味。速溶性指在 $10℃$ 以下和 $40\sim60℃$ 条件下的迅速溶解的特性。溶于 $10℃$ 以下者称为冷溶速溶茶,凡溶解后无浮面沉底现象,为速溶性好,可作冷饮用;凡颗粒悬浮或呈块状沉结杯底者,冷溶度差的只能作热饮用。溶于 $40\sim60℃$ 者称热溶速溶茶。汤色要求冷泡清澈,速溶红茶红亮,速溶绿茶黄绿明亮;热泡要求速溶红茶红艳,速溶绿茶黄绿鲜艳。香味要求具有原茶风格,有鲜爽感,香味正常,无酸馊气,熟汤味及其他异味,不能有化学合成的香精气味。

四、袋泡茶的审评

袋泡茶品质通常采用感官审评,同样从外形和内质两个角度进行评定。由于产品的特性,袋泡茶外形审评侧重于包装,内质审评包括看汤色、嗅香气和尝滋味三项,其中又以尝滋味为主。

早期的袋泡茶茶袋是用布料做成的单室矩形或方形,后来才出现了现在的茶叶滤纸,随后源于德国的双室茶袋等新的茶袋式样及其配套的袋泡茶包装机也应运而生。现在绝大部分袋泡茶采用先进的包装机自动包制,只有少数是机械结合手工包装的。包装在产品质量中占有相当重要的地位和分量,具体项目因子涉及包装材料、包装方法、图案设计、包装防潮性能,以及所使用的文字说明是否符合食品通用标准等。要保持待用滤纸的干燥和不使用已有陈气的滤纸,将新印刷的包装纸在通风干燥处放置一段时间待油腻气味挥发后再使用。正常袋泡茶的包装要求滤袋封口完整,滤纸轧边处不夹茶,提线与滤袋和吊牌连接处定位牢固,滤袋与吊牌和外封套互不黏结。研究显示,采取不同的内包装方式盛装同等重量的茶叶,其茶多酚与氨基酸的浸出量存在一定差异。用枕形袋包装袋泡茶,其包装重量不宜超过2.0 g;用双折袋包装袋泡茶时,包装重量则不宜超过 3.0 g。

茶叶经粉碎再包装后,其内含物在水中的溶解性和扩散性大幅增加,故其内质审评方法不完全雷同于常规审评。袋泡茶开汤审评主要是评定汤色、香气、滋味和冲泡后的内袋,采用整袋冲泡而不是拆开纸袋倒出茶叶再冲泡。汤色评比茶汤的类型和明浊度,由于经过滤纸袋的过滤,袋泡茶的汤色多数呈明亮纯净,不带沉淀物。而失风受潮、陈化变质的茶叶在茶汤色泽上反映非常明显。对汤色品质要求,都是以明亮鲜活的为佳,陈暗少光泽的次之,浑浊不清的最差。正常的袋泡茶应具有原茶的良好香气,感受香气的纯异、类型、高低与持久性。加料袋泡茶侧重香气的协调性与持久性,以不出现怪味为限。袋泡茶受包装纸污染的机会较大,审评时应注意有无异味。常见滋味包括浓、淡、厚、薄、爽、涩等,这是袋泡茶审评的重点,根据口感的好坏判断质量的高低。对于袋泡茶的叶底可不必开袋评色泽与老嫩,主要看滤袋是否破裂、茶渣是否被封包于袋内、袋形变化是否明显和有提线者提线是否脱落等。

普通袋泡茶根据其质量的差别可划分为优质产品、中档产品、低档产品和不合格产品四类。

①优质产品。包装上的图案、文字清晰。内外袋包装齐全,

外袋包装纸质量一流,防潮性能好。内袋长纤维特种滤纸网眼分布均匀,大小一致。滤袋封口完好,用纯棉本白线作提线,线端有品牌标签,提线两端定位牢固,提袋时不脱线。袋内的茶叶颗粒大小适中,无茶末黏附滤袋表面。未添加非茶成分的袋泡茶,应有原茶的良好香味,无杂异气味,汤色明亮无沉淀,冲泡后滤袋涨而不破裂。

②中档产品。可不带外袋或无提线上的品牌标签,外袋纸质较轻,封边不很牢固,有脱线现象。香味虽纯正,但少新鲜口味,汤色亮但不够鲜活。冲泡后滤袋无裂痕。

③低档产品。包装用材中缺项明显,外袋纸质轻,印刷质量差。香味平和,汤色深暗,冲泡后有时会有少量茶渣漏出。

④不合格产品。包装不合格,汤色浑浊,香味不正常,有异气味,冲泡后散袋。

茶叶冲泡方法一般由冲泡水温、冲泡时间和茶水比等构成。这是科学获得湿评结果和充分发挥茶叶价值的前提。目前袋泡茶的冲泡方法还未纳入国家成文的标准之内,仅见于一些探索性文献。有研究表明,袋泡红茶的最佳冲泡组合为沸水冲泡、冲泡时间 5 min、茶水比 1∶50,冲泡过程中上下提 3 次;袋泡绿茶则为沸水冲泡、冲泡时间 5 min,茶水比 1∶75,冲泡过程中上下提 3 次。另有专家称,每袋 2.5 g 的袋泡茶采用 150 mL 的水冲泡 5 min 就可达到同等条件下 3 g 散装茶的滋味浓度。

第九节 评茶术语

一、术语

1. 各类茶叶通用术语

(1)外形术语

①干茶形状评语。

显毫:芽尖含量高,并含有较多的白毫。

锋苗:细嫩,紧卷有尖锋。

重实：条索或颗粒紧结，以手权衡有沉重感，一般是叶厚质嫩的茶叶。

匀整：指上、中、下三段茶的大小、粗细、长短比例较协调一致。

匀称：指上、中、下三段茶的比例适当，无脱档现象。

匀净：匀齐而无梗、朴片及其他夹杂物。

挺直：条索平整而挺直，呈直线状，不短不曲。平直与此同义。

平伏：茶叶在把盘后，上、中、下三段茶在茶盘中相互紧贴，无翘起架空或脱档现象。

紧结：条索紧卷而重实。

紧直：条索紧卷、完整而挺直。

紧实：紧结重实，少锋苗，制工好。

肥壮：芽肥、叶肉厚实，柔软紧卷，形态丰满。雄壮与此同义。

壮实：芽壮、茎粗，条索肥壮而重实。

粗壮：条索粗而壮实。粗实与此同义。

粗松：嫩度差，形状粗大而松散。空松与此同义。

松条：条索紧卷度较差。

扁瘪：叶质瘦薄无肉，扁而干瘪。瘦瘪与此同义。

扁块：结成扁圆形的块。

圆浑：条索圆而紧结，不扁不曲。

圆直：条索圆浑而挺直。

扁条：条形扁，欠圆浑，制工差。

短钝：条索短而无锋苗。短秃与此同义。

短碎：茶条短，碎茶多，欠匀整。

松碎：条索粗松而短碎。

下脚重：下段中细小的茶比较多。

脱档：上、下段茶多，中段少，三段茶比例不当。

破口：茶条两端的断口显露且不光滑。

爆点：干茶上的烫斑。

轻飘:手感很轻,茶叶粗松,一般指轻身路或者低级茶。

露梗:茶梗多,为粗老茶。

露筋:丝筋多。

②干茶色泽术语。

油润:色泽鲜活,光滑润泽。光润与此同义。

枯暗:色泽枯燥且暗无光泽。

调匀:叶色均匀一致。

花杂:干茶叶色不一致,杂乱,净度差。

(2)汤色术语

清澈:清净、透明、光亮、无沉淀。

鲜艳:汤色鲜明、艳丽而有活力。

鲜明:新鲜明亮略有光泽。

明亮:茶汤深而透明。明净与此同义。

浅薄:茶汤中物质欠丰富,汤色清淡。

沉淀物多:茶汤中沉于碗底的渣末多。

浑浊:茶汤中有大量悬浮物,透明度差。

暗:汤色不明亮。

(3)香气术语

高香:高香而持久,香浓而悠长。

纯正:香气纯净、不高不低,无异杂气。

纯和:稍低于纯正。

平和:香气较低,但无杂气。平正、平淡与此同义。

钝浊:香气有一定浓度,但滞钝不爽。

闷气:不愉快的熟闷气,沉闷不爽。

粗气:香气低,有老茶的粗糙气。

青气:带有鲜叶的青草气。

高火:茶叶加温干燥过程中,温度高、时间长、干度十足所产生的火香。

老火:干度十足,带轻微的焦茶气。

焦气:干度十足,有严重的焦茶气。

陈气:茶叶贮藏过久产生的陈变气味。

异气:烟、焦、酸、馊、霉等及受外来物质污染或者干燥不及时所产生的异杂气。

（4）滋味术语

回甘:茶汤入口先微苦,回味有甜感。

浓厚:味浓而不涩,纯正不淡,浓醇适口,回味清甘。

醇厚:汤味尚浓,有刺激性,回味略甘。

醇和:汤味欠浓,鲜味不足,但无粗杂味。

纯正:味淡而正常,欠鲜爽。纯和与此同义。

淡薄:味清淡而正常。平淡、软弱、清淡与此同义。

粗淡:味粗而淡薄,为低级茶的滋味。

苦涩:味虽浓但不鲜不醇,茶汤入口涩而带苦,味觉麻木。

熟味:茶汤入口不爽,软弱不快的滋味。

水味:口味清淡不纯正,软弱无力。干茶受潮或干度不足带有"水味"。

高火味:高火气的茶叶,尝味时也有火气味。

老火味:轻微带焦的味感。

焦味:烧焦的茶叶带有的焦苦味。

异味:烟、焦、酸、馊、霉等茶叶污染或者外来物质所产生的味感。

（5）叶底术语

细嫩:芽头多,芽叶细小嫩软。

鲜嫩:叶质细嫩,叶色鲜艳明亮。

嫩匀:芽叶匀齐一致,细嫩柔软。

柔嫩:嫩而柔软。

柔软:嫩度高,质地柔软,手按如绵,按后伏贴盘底、无弹性。

匀齐:老嫩、大小、色泽等均匀一致。

肥厚:芽叶肥壮,叶肉厚实、质软。

瘦薄:芽小叶薄,瘦薄无肉,叶脉显现。

粗老:叶质粗硬,叶脉显露,手按之粗糙,有弹性。

开展:叶张展开,叶质柔软。

摊张:叶质较老,属于对夹叶。

单张:脱茎的单叶。

破碎:叶底断碎、破碎叶片多。

卷缩:冲泡后叶底不开展。

鲜亮:色泽鲜艳明亮,嫩度好,及时制造。

明亮:鲜艳程度次于鲜亮,嫩度稍差。

暗:叶色暗沉不明亮。

暗杂:叶子老嫩不一,叶色枯而花杂。

花杂:叶底色泽不一致。

焦斑:叶张边缘、叶面有局部黑色或黄色烧焦的斑痕。

焦条:烧焦发黑的叶片。

2. 绿茶审评术语

(1)外形术语

①干茶形状术语。

扁平:扁直坦平。

扁削:扁茶边缘如刀削过,没有丝毫褶皱。

尖削:扁削且尖锋显露。

粗扁:颗粒扁粗,略松散。

光扁:扁平光滑。

光滑:叶表油润发亮。

光洁:表面尚油润发亮。

紧条:扁条紧结。

紧秀:条索紧细秀长,显锋苗。此语也适用于高档红茶。

卷曲:呈螺旋状或环状卷曲。此语也适用于黄茶。

盘花:加工精细,炒制成盘花圆形或椭圆形的颗粒。

挺秀:挺直、显锋苗、造形秀美。

黄头:颗粒圆结,色泽露黄,是叶质较老的表现。

浑条:扁条不扁,呈浑圆状。

蝌蚪形:条茶一端粗一端细,或指圆茶带尾。

狭长条:扁条过窄、过长。

宽条:扁条略松、过宽。

宽皱:扁条折皱而宽松。

团块：颗粒大如蚕豆或荔枝核，多为嫩芽叶黏结而成。

细直：细圆紧直、两端略尖，形似松针。

细紧：条索细长，紧卷而完整，锋苗好。此语也适用于黄茶和红茶。

细圆：颗粒细小圆紧，嫩度好，重而实。

粗圆：颗粒圆且稍显粗大。

圆结：颗粒圆而紧实。

圆紧：颗粒圆而紧结。

圆实：颗粒稍大，重而实。

圆头：条形茶中有结成圆块的茶。

圆整：颗粒圆而整齐。

折叠：叶张不平，呈皱叠状。此语也适用于白茶。

②干茶色泽术语。

墨绿：深绿泛乌，有光泽。此语也适用于白茶干茶。

深绿：深绿色，有光泽。

绿翠：碧绿青翠、色泽鲜艳。此语也适用于绿茶叶底。

嫩绿：浅绿嫩黄。此语也适用于绿茶汤色和叶底。

青绿：绿中带青。此语也适用于绿茶叶底和乌龙茶干茶。

黄绿：以绿为主，绿中带黄。此语也适用于绿茶汤色和叶底、黄茶和白茶干茶和叶底。

绿润：碧绿而鲜活，富有光泽。

起霜：表面带银白色，且有光泽。

银绿：深绿，表面起霜。

灰绿：绿中泛灰，光泽度不如银绿。此语也适用于白茶。

灰黄：色黄泛灰。

灰暗：色深暗，带死灰色。

灰褐：色褐泛灰，无光泽。此语也适用于红茶干茶。

绿黄：黄中泛绿，以黄色为主。此语也适用于绿茶汤色和叶底。

枯黄：色黄而干枯。此语也适用于白茶干茶。

露黄：叶张表面含有少量黄片和黄条。

（2）香气术语

鲜嫩：新鲜悦鼻的嫩茶香气。此语也适用于红茶。

鲜爽：新鲜爽快。此语也适用于红茶香味、绿茶滋味和乌龙茶滋味。

清香：清香爽快。此语也适用于乌龙茶。

清高：香气清新，高而持久。此语也适用于乌龙茶和黄茶。

馥郁：香气浓郁，芬芳持久，沁人心肺。此语也适用于乌龙茶和红茶。

甜香：香气高长，有甘甜感。此语也适用于黄茶、乌龙茶和条红茶。

花香：茶香鲜锐，具有令人愉快的鲜花香气。此语也适用于乌龙茶和红茶。

板栗香：熟板栗的香气。此术语也适用于黄茶。

（3）汤色术语

浅黄：黄色较浅。此语也适用于黄茶和白茶。

深黄：黄色较深。此语也适用于黄茶和白茶。

绿艳：绿中微黄，鲜艳清澈。

黄暗：色黄而灰暗。此语也适用于绿茶叶底。

青暗：色青而灰暗。此语也适用于绿茶、紧压茶和红茶叶底。

红汤：汤色发红，多数情况下绿茶已变质。

（4）滋味术语

鲜浓：鲜醇爽口，富收敛性。此语也适用于红茶。

爽口：不苦不涩，回味好，且有轻微刺激性。此语也适用于乌龙茶和红茶。

熟闷味：软熟沉闷，不爽口。此语也适用于黄茶和红茶。

（5）叶底术语

靛青：蓝绿色。

青张：夹杂青色叶片。此语也适用于乌龙茶。

2.黄茶审评术语

(1)外形术语

①干茶形状术语。

细紧:条索细长,紧卷完整,有锋苗。

肥直:全芽芽头肥壮挺直,满枝茸毛,形状如针。

梗叶连枝:叶大梗长而相连,为霍山黄大茶外形特征。

鱼子泡:干茶有如鱼子大的烫斑。这是远安鹿苑茶的外形特点。

②干茶色泽术语。

金镶玉:专指君山银针。金指芽头呈金黄的底色,玉是指满被白色银毫。这是特级君山银针的特色。

金黄光亮:芽头肥壮,芽色金黄,油润光亮。

嫩黄:叶质柔嫩色浅黄,光泽好。

褐黄:黄中带褐,光泽稍差。

黄褐:褐中带黄。

黄青:青中带黄。

(2)汤色术语

杏黄:浅黄略带绿,清澈明净。

黄亮:黄而明亮。

浅黄:汤色黄较浅、明亮。

深黄:色黄较深,但不暗。

橙黄:黄中微泛红,似橘黄色。

(3)香气术语

清鲜:清香鲜爽,细而持久。

嫩香:清爽细腻,有毫香。

清高:清香高而持久。

清纯:清香纯和。

板栗香:似熟栗子香。

高爽焦香:似炒青香,强烈持久。

松烟香:带有松木烟香。

（4）滋味术语

甜爽：爽口而有甜感。

醇爽：醇而可口，回味略甜。

鲜醇：鲜洁爽口，甜醇。

（5）叶底术语

肥嫩：芽头肥壮，叶质厚实。

嫩黄：黄里泛白，叶质柔嫩，明亮度好。

黄亮：叶色黄而明亮，按叶色深浅程度不同有浅黄色和深黄色之分。

黄绿：绿中泛黄。

3. 黑茶审评术语

（1）外形术语

①干茶形状术语。

泥鳅条：紧、卷、圆、直的茶条，形如泥鳅。

折叠条：呈折叠条状。

全白梗：梗子半红半白，较白梗老。

红梗：已木质化的梗子。

丝瓜瓢：渥堆过度，复揉中叶脉与叶肉已分离。

红叶：叶色暗红无光。

铁板色：色乌暗、呆滞不活。

端正：砖身形态完整、砖面平整、棱角分明。

纹理清晰：砖面花纹、商标、文字等标记清晰。

紧密适合：压制松紧适度。

起层脱面：面茶脱落，里茶翘起。

包心外露：里茶暴露于砖面。

黄花茂盛：茯砖茶中金花（冠突散囊菌）粒大量多，是品质好的表现。

缺口：砖面、饼面及边缘有残缺现象。

龟裂：砖面有裂缝。

烧心：砖（沱、饼）中心部分发黑发红。

断甑：如金尖中间断开不成整块。

②干茶色泽术语。

乌黑:乌黑油润。

猪肝色:红带褐。金尖色泽。

黑褐:褐中泛黑。黑砖色泽。

青褐:褐中带青。青砖色泽。

棕褐:褐中带棕。康砖色泽。

黄褐:褐中显黄。茯砖色泽。

褐黑:黑中泛褐。特制茯砖色泽。

青黄:黄中带青。新茯砖多为此色。

铁黑:色黑似铁。为湘尖的正常色泽。

半筒黄:色泽花杂,叶尖黑色,柄端黄黑色。

红褐:褐中带红。普洱茶色泽。

（2）汤色术语

橙黄:黄中显橙。

橙红:红中显橙。

深红:红而无光亮。

暗红:红而深暗。

棕红:红而显棕。

棕黄:黄中带棕。

黄明:黄而明亮。

黑褐:褐带暗黑。

棕褐:褐带棕色。

红褐:褐中显红。

（3）香气术语

陈香:香有陈气,无霉气。

松烟香:松柴熏焙的气味。湖南黑茶、六堡茶有此香气。

馊酸气:渥堆过度的气味。

霉气:除金花外,其他有白霉、黑霉、青霉等杂霉的砖。有霉气是劣变茶气味。

烟气:一般黑茶为劣变气味,而方包茶略带些烟味尚属正常。

菌花香:茯砖茶金花茂盛的砖具有的香气。

（4）滋味术语

醇和：味醇而不涩、不苦。

醇厚：味醇较丰满，茶汤水浸出物较高。

醇浓：有较高浓度，但不强烈。

槟榔味：六堡茶的特有滋味。

陈醇：有陈香味，醇和可口。普洱茶滋味。

（5）叶底术语

硬杂：叶质粗老、多梗，色泽花杂。

薄硬：质薄而硬。

青褐：褐中泛青。

黄褐：褐中泛黄。

黄黑：黑中泛黄。

红褐：褐中泛红。

泥滑：嫩叶组织糜烂。渥堆过度所致。

丝瓜瓤：老叶叶肉糜烂，只剩叶脉。渥堆过度所致。

4.乌龙（青）茶审评术语

（1）外形术语

①干茶形状术语。

蜻蜓头：茶条肥壮，叶端卷曲，紧结似蜻蜓头。

螺钉形：茶条拳曲如螺钉状，紧结、重实。

壮结：茶条壮实而紧结。

壮直：茶条肥壮挺直，如广东的黄枝香单枞。

扭曲：叶端折皱重叠的茶条。

卷曲：茶条紧卷呈颗粒状或球粒状。

细结：条索紧细，与品种有关，如闽北乌龙。

粗松：叶质粗老，形状松散。

②干茶色泽术语。

砂绿：色似蛙皮绿而有光泽，是优质青茶的色泽。

青褐：色泽青褐带灰光，又称宝光。

鳝皮色：砂绿蜜黄似鳝鱼皮色。

蛤蟆背色：叶背起蛙皮状砂粒白点。

乌润:乌黑而有光泽。

褐润:色褐而富有光泽,或"黄褐润"有光泽。

油润:光泽好。

三节色:茶条尾部呈砂绿色,中部呈乌色,头部呈淡红色,故称三节色。

枯燥:干枯无光泽。按叶色深浅程度不同有乌燥、褐燥之分。

(2)汤色术语

金黄:以黄为主,带有橙色,有深浅之分。

清黄:茶汤黄而清澈。

橙黄:黄中微带红,似橙色或橘黄色。

橙红:橙黄泛红,清澈明亮。

红汤:浅红色或暗红色,常见于陈茶或烘焙过头的茶。

清澈:清净、透明、光亮、无沉淀。

鲜艳:汤色鲜明艳丽而有活力。

鲜明:新鲜明亮略有光泽。

深亮:汤色深而透明。

明亮:茶汤深而透明。同义词明净。

浅薄:茶汤中物质欠丰富,汤色清淡。

沉淀物多:茶汤中沉于碗底的渣末多。

浑浊:茶汤中有大量悬浮物,透明度差。

暗:汤色不明亮。

(3)香气术语

岩韵:在香味方面具有特殊品种香味特征,为武夷岩茶特有。

音韵:在香味方面具有特殊品种香味特征,为铁观音茶特有。

浓郁:带有浓郁持久的特殊花果香,称为浓郁。

馥郁:比浓郁香气更雅的,称为馥郁。

浓烈:香气虽高长,但不及"浓郁"或"馥郁"。同义词强烈。

清高:香气清长,但不浓郁。

清香:清纯柔和,香气欠高但很幽雅。

甜香:香气高而具有甜感。

蜜香:有似花蜜的花蜜香。

生青:似青草气。

闷火:青茶烘焙后,未适当摊凉而形成的一种令人不快的火功气味。

猛火:烘焙温度过高或过猛的火候所产生的不良火气。

高火:茶叶加温干燥过程中,温度高、时间长,干度十足所产生的火香。

老火:干度十足,带轻微的焦茶气。

焦气:干度十足,有严重的焦茶气。

陈气:茶叶贮藏过久产生的陈变气味。

异气:烟、焦、酸、馊、霉等及受外来物质污染所产生的异杂气。

(4)滋味术语

浓厚:味浓而不涩,浓醇适口,回味清甘。

鲜醇:入口有清鲜醇厚感,过喉甘爽。

醇厚:浓纯可口,回味略甜。

醇和:味清爽带甜,鲜味不足,无粗杂味。

粗浓:味粗而浓,入口有粗糙辣舌之感。

青涩:涩味且带有生青味。

清醇:茶汤味新鲜,入口爽适。

甘鲜:鲜洁有甜感。

回甘:茶汤入口先微苦后回味有甜感。

甘滑:带甘味而滑润。

黄味:茶汤有闷黄气味。

淡薄:味清淡而正常。同义词平淡、软弱、清淡。

粗淡:味粗而淡薄,为低级茶的滋味。

苦涩:味虽浓但不鲜不醇,茶汤入口涩而带苦,味觉麻木。

高火味:高火气的茶叶,尝味时也有火气味。

老火味:轻微带焦的味感。

焦味:烧焦的茶叶带有的焦苦味。

异味:烟、焦、酸、馊、霉等及外来物质污染茶叶所产生的味感。

(5)叶底术语

软亮:叶质柔软,叶色透明发亮。

肥亮:叶肉肥厚,叶色透明发亮。

绿叶红镶边:做青适度,叶缘珠红明亮,中央浅黄绿色或青色透明。

青张:无红边的青色叶片。

暗张、死张:叶张发红,夹杂暗红叶片的为"暗张";夹杂死红叶片的为"死张"。

硬挺:叶质老,手按后叶张很快恢复原状。

焦条:烧焦发黑的叶片。

粗老:叶质粗硬,叶脉显露,手按之感觉粗糙、有弹性。

开展:叶张展开,叶质柔软。

破碎:叶底断碎、破碎叶片多。

卷缩:冲泡后叶底不开展。

暗杂:叶子老嫩不一,叶色枯而花杂。

5.白茶审评术语

(1)外形术语

①干茶形状术语。

毫心肥壮:芽肥嫩壮大,茸毛多。

茸毛洁白:茸毛多,洁白而富有光泽。

芽叶连枝:芽叶相连成朵。

叶缘垂卷:叶面隆起,叶缘向叶背卷起。

舒展:芽叶柔嫩,叶态平伏伸展。

皱折:叶张不平展,有皱折痕。

弯曲:叶张不平展,不服帖,带弯曲。

破张:叶张破碎。

蜡片:表面形成蜡质的老片。

②干茶色泽术语

银芽绿叶、白底绿面:毫心和叶背银白茸毛显露,叶面为灰绿色。

墨绿:深绿泛乌,少光泽。

灰绿:绿中带灰,属白条的正常色泽。

暗绿:叶色深绿,暗无光泽。

黄绿:呈草绿色,非白条正常色泽。

铁板色:深红而暗似铁锈色,无光泽。

（2）汤色术语

橙黄:黄中微泛红。

浅橙黄:橙色稍浅。

深黄:黄色较深。

浅黄:黄色较浅。

黄亮:黄而清澈明亮。

暗黄:黄较深暗。

微红:色泛红。

（3）香气术语

嫩爽:鲜嫩、活泼、爽决的嫩茶香气。

毫香:白毫显露的嫩芽所具有的香气。

清鲜:清高鲜爽。

鲜纯:新鲜纯和,有毫香。

酵气:白茶萎凋过度,带发酵气味。

青臭气:白茶萎凋不足或火功不够,有青草气。

（4）滋味术语

清甜:入口感觉清鲜爽快,有甜味。

醇爽:醇而鲜爽,毫味足。

醇厚:醇而甘厚,毫味不显。

青味:茶味淡而青草味重。

（5）叶底术语

肥嫩:芽头肥壮,叶张柔软、厚实。

红张:萎凋过度,叶张红变。

暗张:色暗黑,多为雨天制茶形成死青。

暗杂:叶色暗而花杂。

6.红茶审评术语

（1）外形术语

细嫩：芽叶细小柔嫩。多见于小叶种高档春季产的工夫红茶，如特级祁门红茶。

细紧：条索细，紧卷完整。用于上档条红茶。

细长：细紧匀齐，形态秀丽。多用于高档条红茶，如祁门红茶。

乌黑：深黑色。用于描述嫩度良好的中小叶种红茶的干茶色泽。

乌黑油润：亦称"乌润"，深黑而富有光泽。多见于嫩度好的中小叶种高档红茶。

枯棕：干茶呈暗无光泽的棕褐色。多用于粗老的红碎茶。

肥嫩：芽叶肥壮。常用于滇红工夫。

匀称：大小一致，不含梗、杂。

棕褐：色泽暗红。多用于大叶种茶。

红筋：红茶的筋皮毛衣。

露梗：工夫红茶中带梗子。

短碎：工夫红茶的碎片、梗朴。

粗老：老茶。

粗壮：重实。嫩度中等工夫红茶。

毛糙：粗老。大多是筋皮毛衣或未经精制的红毛茶。

松散：揉捻不紧的条红茶。

松泡：粗松轻飘的条红茶。

金毫：高档茶中的毫尖茶。多见于滇红。

毫尖：红碎茶中被轧切后呈米粒毫茶。多见于大叶种制的一套样红碎茶。

雄壮：粗壮的金毫。多用于高档滇红。

老嫩混杂：嫩茶、老茶不分清。

规格乱：多用于精茶中分档不清。

花杂：大小不匀，正茶中含老片及梗、杂。

颗粒：小而圆的颗粒茶。常用于上档 C．T．C 茶。

身骨：茶叶质地的轻重。常用于工夫红茶的精茶。

净度：精茶形态整齐程度，或精茶中有否含茶或非茶物质夹杂物。

面张茶：常指精茶中 4～5 孔茶。

上段茶：用于工夫红茶较为粗壮的茶。

中段茶：比上段茶小一点的茶。

下段茶：比中段茶更细的茶，常指碎末茶一类。

脱档：精茶中上、中、下档茶比例不当。

夹杂物：茶叶中含有非茶杂物。

饼形：精茶压制成饼状，如米砖茶。

（2）汤色术语

红艳：红茶汤色鲜艳、红亮透明，碗沿呈金圈。多见于滇红和 C.T.C 茶，或大多国外红茶。

红亮：汤色红而透明。多见于上档红茶。

玫瑰红：茶汤红似玫瑰花。

金黄：有黄金般的光泽。常见于发酵轻的茶汤。

粉红：红白相混。多用于加奶审评中发酵轻的红茶。

姜黄：红茶茶汤中加入牛奶后呈现的一种淡黄色。多见于茶多酚和茶黄素含量较低的小叶种红碎茶加奶审评时表现的汤色。如"四套样"地区生产的红碎茶，其中春茶的乳色大多呈姜黄色。

冷后浑：红茶茶汤冷却后形成的棕色乳浊状凝体。多见于优质大叶种红碎茶。因儿茶素含量高，当茶汤温度下降到 16℃左右时，儿茶素与咖啡碱络合，即产生冷后浑。重新加热，茶汤会恢复红亮透明的原状。

乳白：加入牛奶后，红茶茶汤呈乳白色。多见于滋味淡、质地较差的小叶种红碎茶。

棕黄：汤色色泽浅棕带黄。多见于发酵程度轻的大叶种红碎茶。红碎茶在制作中萎凋和发酵轻，又经快速干燥，汤色和叶底大多呈棕黄色。

红褐：汤色褐中泛红。多用于描述氧化过度的低档红茶。

浅薄:汤色浅淡,茶汤中水溶性物质含量较少、浓度低。常用于低档红茶。

暗红:颜色红而深暗。多用于发酵过重或含水率过高、存放时间过长的红茶。

(3)香气术语

秋香:某些地区秋季生产的红碎茶具有独特的香气,为一种季节香。如10月初广东生产的高档红碎茶具有特殊的季节性茶香,新鲜高锐,滋味强爽,品质胜于其他季节所产的红碎茶。

香荚兰香:从香荚兰豆中提取或化学合成的香荚兰素所具有的特殊的香气。如海南的香兰红茶,用香荚兰豆提取的香料窨制,具有高雅的巧克力香。

季节香:在某一时间生产的茶叶具有的特殊香气。如广东英德在9月中旬至10月上旬生产的高档红碎茶香气特别清香高锐。这种"特别"而有时期性的香气,俗称"季节香"。

地域香:具有特殊地方风味的茶叶香气。如云南红茶特殊的糖香。

浓郁:香气高锐,浓烈持久。多用于"滇红"和"祁红"。如一级滇红茶香气浓郁,滋味浓醇,品质优良。

香短:香气保持时间短,很快消失。

香贫:香气低弱。

钝熟:香气熟闷。多见于茶叶嫩度较好,但已失风受潮,或存放时间过长、制茶技术不当发酵偏重的红茶。

纯正:香气正常。表明茶香既无突出的优点,也无明显的缺点。用于中档茶的香气评语。

粗青味(气):粗老的青草味(气)。萎凋和发酵程度偏轻的低档红茶。如不萎凋红茶,粗青味(气)特别重。

焦糖气:火茶特有的糖香。多因干燥温度过高、茶叶内所含成分开始轻度焦化所致。

樟脑气:茶叶吸附樟脑块的气味,属一种令人不快的异味。多见于茶叶与带樟脑气的物品混放所致。

粗老味(气):茶叶因粗老而表现的内质特征。多用于各类低档茶,一般四级以下的茶叶,带有不同程度的粗老味(气)。

烟味:茶叶在烘干过程中吸收了燃料释放的杂异气味。多见于烘干机漏烟产生煤或柴烟气。

纯和:香气纯而正常,但不高。

酸馊气:腐烂变质茶叶发出的一种令人不快的酸味。在红茶初制中不当的部分尾茶可发生酸馊气。

平和:香味不浓,但无粗老气味。多见于低档茶。

青气:成品茶带有青草或鲜叶的气息。多见于夏、秋茶揉捻和发酵不足的下档红茶。

松烟香:茶叶中含有松脂燃烧的香气。见于福建所产的小叶种红茶。

老火:焦糖香、味。常因茶叶在干燥过程中温度过高,使部分碳水化合物转化产生。

足火香:茶叶香气中稍带焦糖香。常见于干燥温度较高的制品。

异气:非茶叶香气。茶叶香气中夹杂其他杂异的气味。多因加工、存放不当所致。

陈霉气:茶叶受潮变质,霉菌污染或贮藏时间过久,含水量高,产生的劣质气味。

陈气(味):香气滋味不新鲜。多见于存放时间过长或失风受潮的茶叶。

(4)滋味术语

鲜爽:鲜美爽口,有活力。多用于高档红碎茶。

鲜浓:茶味新鲜浓爽。多用于高档红碎茶。

甜爽:茶味爽口回甘。多用于小叶种春茶的上档条形红茶。

甜和:也称"甜润"。甘甜醇和。用于描述工夫红茶。

浓强:味浓,富有刺激性。多见于大叶种红碎茶。如夏、秋季广东生产的大叶种红碎茶,多酚类化合物含量较高,滋味浓强,品质优良。

浓强鲜:味浓而鲜爽,富有刺激性。专用于高档红碎茶。9月中旬至10月上旬"二套样"地区生产的优质红碎茶,大多具浓强鲜的特征。

浓烈:茶味极浓,有强烈刺激性口感。常用于云南等地夏、秋季生产的上档红碎茶。如凤庆茶厂生产的红碎茶一号。

浓爽:味浓而鲜爽。多用于发酵适度、制作精良的上档红碎茶。

浓醇:醇正爽口,有一定浓度。多用于发酵适度、制作良好的上档条形红茶或发酵偏重的红碎茶。

浓厚:茶味浓度和强度的合称。红碎茶浓强度好表明品质优良。

清爽:茶味浓淡适宜,柔和爽口。多用于高档和中上档小叶种红碎茶。如"三套样"红碎茶,大多具有滋味清爽的特点。

甜醇:味道醇和带甜。多见于小叶种的上档条形红茶。如春茶中的一级祁红,嫩香持久,滋味甜醇。

鲜醇:茶汤内含物丰富,味道鲜爽甘醇,纯正浓厚。多用于中上档红茶。

醇厚:茶味厚实纯正。用于中上档茶。

醇正:味道纯正厚实。

生味:因鲜叶内含物在制茶过程中转化不够而显生涩味。多见于萎凋、发酵程度轻的红茶。

生涩:味道生青涩口。红茶萎凋程度轻、时间短、发酵不足或花青素含量高的紫芽种鲜叶为原料等,都会产生生涩味。

浓涩:味道浓而涩口。多用于夏、秋季生产的红茶。如萎凋轻、发酵不足的红碎茶。

花香味:包含鲜花的香味。多见于发酵较轻的红碎茶。

刺激性:高档大叶种红碎茶多富有较强的刺激性。茶汤中未氧化的茶多酚及其初级氧化物含量的多少,是形成刺激性强弱的主要物质。

收敛性:富有刺激性,茶汤入口后,口腔有收紧感。如海南等地产的高档红碎茶,滋味浓强鲜爽,富有收敛性。

味淡:由于水浸出物含量低,茶汤味道淡薄。多见于粗老红茶。

平淡：浓强度低。常用于描述低档红茶的滋味。

苦涩：茶汤味道既苦又涩。多见于萎凋和发酵偏轻、茶多酚含量很高的大叶种红碎茶。

青涩：常用于萎凋轻、揉切不充分、发酵又不足的红碎茶。

味浓：口感刺激性强。多用于夏、秋季大叶种红茶。如云南和海南夏、秋季生产的红碎茶滋味很浓。在红碎茶中味浓一般是好茶。

口劲：茶汤浓度对味觉的刺激性。如北京、天津、山东等北方地区，常用"口劲"来表示滋味浓度。

口味：亦称口感。茶汤的滋味，亦指对味道的喜好。

乏味：茶味淡薄，缺少浓强度。常用于低、次红茶。

走味：茶叶失去原有的新鲜滋味。多见于陈茶和失风受潮的茶叶。

苦味：味苦似黄连。被真菌危害的病叶，如白星病或赤星病叶片制成的茶。个别品种的茶叶滋味也具有苦味的特性。

熟味：茶味缺乏鲜爽感，熟闷不快。多见于失风受潮的或发酵过重、存放时间过长的红碎茶。

杉木味：茶叶香气和滋味被杉木的特殊气味污染。多见于与杉木直接接触的茶叶。

辛涩：茶味浓涩不醇，仅具单一的薄涩刺激性。多见于夏、秋季的低档红茶。

异味：杂异气味的总称。茶叶滋味中带有其他物质的味道。常因加工、存放不当所致。

酸味：含有较多氢离子的茶汤所带的味道。

粗淡（薄）：茶味粗老淡薄。多用于低档茶。如三角片茶，香气粗青，滋味粗淡。

粗涩：滋味粗青涩口。多用于夏、秋季的低档茶。

（5）叶底术语

鲜亮：色泽新鲜明亮。多见于新鲜、嫩度良好而干燥的高档茶。

柔软：细嫩绵软。多用于高档的红茶，如一级祁红外形细嫩,叶底柔软。

单薄:叶张瘦薄。多用于生长势欠佳的小叶种鲜叶制成的条形茶。

叶张粗大:大而偏老的单片、对夹叶。常见于粗老茶的叶底。

红匀:红茶叶底匀称,色泽红明。多见于茶叶嫩度好而制作得当的制品。

瘦小:芽叶单薄细小。多用于施肥不足或受冻后缺乏生长力的芽叶制品。

摊张:摊开的粗老叶片。多用于低档毛茶。

猪肝色:偏暗的红色。多见于发酵较重的中档条形红茶。

舒展:冲泡后的茶叶自然展开。制茶工艺正常的新茶,其叶底多呈现舒展状;若制茶中烘干温度过高使果胶类物质凝固或存放过久的陈茶,叶底多数不舒展。

卷缩:开汤后的叶底不展开。多见于陈茶或干燥过程中火功太高导致叶底卷缩;条索紧结,泡茶用水不开,叶底也会呈卷缩状态。

7. 花茶审评术语

(1)外形术语

①形状术语。

锋苗:芽叶细嫩,紧卷而有尖锋。

显毫:茸毛含量特别多。同义词为茸毛显露。

匀整:上、中、下三段茶的大小、粗细、长短较一致。

匀称:上、中、下三段茶的比例适当,无脱档现象。

匀净:匀齐而无梗朴及其他夹杂物。

平伏:茶叶在把盘后,上、中、下三段茶在茶盘中相互紧贴,无翘起架空或脱档现象。

紧结:条索卷紧而重实。

紧实:紧结重实,嫩度稍差,少锋苗,制工好。

细紧:条索细长紧卷而完整,有锋苗。

肥壮:芽肥、茎粗,条索肥壮重实。

粗松：嫩度茶，形状粗大而松散。

松条：条索卷紧度较差。

脱档：上、下段茶多，中段少，三段茶比例不当。

②色泽术语。

黄绿：绿中带黄，色泽稍差。

深绿：色近墨绿有光泽。

暗绿：色深绿显暗无光泽。

油润：色泽鲜活，光滑润泽。

花杂：干茶叶色不一致，杂乱，净度差。

（2）汤色术语

清澈：清净、透明、光亮、无沉淀。

深亮：汤色深而透明。

明亮：茶汤深而透明。同义词为明净。

黄绿：绿中带黄，绿多黄少。

绿黄：绿中多黄的汤色。

浅黄：色黄而浅，亦称淡黄色。

橙黄：汤黄中微泛红，似枯黄或杏黄色。

浑浊：茶汤中有大量悬浮物，透明度差。

（3）香气术语

鲜灵：花香鲜显而高锐，一嗅即感。

浓：花香饱满，亦指花茶的耐泡性。

幽香：花香幽雅文静，缓慢而持久。

香浮：花香浮于表面，一嗅即逝。

透兰：茉莉花茶中透露玉兰花香。

透素：花香薄弱，茶香突出。

钝浊：香气有一定浓度，但滞钝不爽。

闷气：属不愉快的熟闷气，沉闷不爽。

陈气：茶叶贮藏过久产生的陈变气味。

异气：烟、焦、酸、馊、霉等及受外来物质污染所产生的异杂气。

（4）滋味术语

浓厚：味浓而不涩，纯正不淡，浓醇适口，回味清甘。

醇厚：汤味尚浓，有刺激性，回味略甘。

醇和：汤味欠浓，鲜味不足，但无粗杂味。

纯正：味淡而正常，欠鲜爽。

淡薄：味清淡而正常。

粗淡：味粗而淡薄，为低级茶的滋味。

水味：口味清淡不纯，软弱无力。干茶受潮或干度不足带有"水味"。

异味：烟、焦、酸、馊、霉等及受外来物质污染所产生的味感。

（5）叶底术语

细嫩：芽头多，叶子细小嫩软。

嫩匀：芽叶匀齐一致，细嫩柔软。

瘦薄：芽小叶薄，瘦薄无肉，叶脉显现。

粗老：叶质粗硬，叶脉显露，手按之粗糙，有弹性。

花杂：叶色不一，形状不一。

破碎：叶底断碎，破碎叶片多。

8.压制茶审评术语

（1）外形术语

①干茶形状术语。

泥鳅条：茶条圆直较大，状如小泥鳅。

折叠条：茶条折弯重叠状。

端正：砖身形态完整，砖面平整，棱角分明。

纹理清晰：砖面花纹、商标、文字等标记清晰。

紧度适合：压制松紧适度。

平滑：砖面平整，无起层落面或茶梗突出现象。粗糙与平滑相反。

金花普茂：茯砖茶中灰绿曲霉菌特有的金黄色孢子。金花普遍茂盛，品质尤佳。

起层：砖茶表层翘起而未脱落。

落面：砖茶表层有部分茶脱落。

脱面:饼茶的盖面脱落。

斧头形:砖身一端厚,一端薄,形似斧头。

缺口:砖茶、饼茶等边缘有残缺现象。

包心外露:里茶外露于表面。

龟裂:砖面有裂缝现象。

烧心:砖茶中心部分发暗、发黑或发红,烧心砖多已发生霉变。

断甑:金尖中间断落,不成整块。

②干茶色泽术语。

乌润:乌而油润。

半筒黄:色泽花杂,叶尖黑色,柄端黄黑色。

黑褐:褐中带黑。此评语也适用于压制茶汤色、叶底色泽。

铁黑:色黑似铁。

棕褐:褐中带棕。此评语也适用于压制茶汤色、叶底色泽。

青褐:褐中带青。

青黄:黄中泛青,原料后发酵不足所致。

猪肝色:红而带暗,似猪肝色。

褐红:红中带褐。

(2)汤色术语

橙黄:黄中略泛红。

橙红:红中泛橙色。

红暗:红而深暗。

棕红:红中泛棕,似咖啡色。

棕黄:黄中泛棕。

红黄:黄中带红。

黄明:黄而明亮。

(3)香气术语

菌花香:茯砖茶发花正常茂盛所发出的特殊香气。

陈香:香气陈纯,无霉气。

松烟香:松柴熏焙带有松烟香。为湖南黑毛茶和六堡茶等传统香气特征。

酸馊气:渥堆过度发出的酸馊气。

霉气:霉变的气息。

烟焦气:茶叶焦灼生烟发出的烟焦气。

(4)滋味术语

陈醇:滋味陈醇而无霉味。

粗淡:味淡薄,喉味粗糙。

醇正:尚浓正常。

醇和:味欠浓较平和。

醇浓:醇中感浓。

(5)叶底术语

硬杂:叶质粗老、坚硬、多梗,色泽驳杂。

薄硬:叶质老瘦薄较硬。

青褐:褐中泛青。

青暗:青褐带暗。

黄褐:褐中泛黄。

黑褐:褐中泛黑。

黄黑:黑中带黄。

红褐:褐中泛红。此种术语也适用于汤色。

9.袋泡茶审评术语

(1)包装术语

黑包:封口处两层滤纸之间夹隔茶细片或茶粉末。

漏茶:茶叶从滤袋中渗漏。

(2)汤色术语

清澈:清净、透明、光亮、无沉淀物。

鲜艳:鲜明艳丽,清澈明亮。

鲜明:新鲜明亮。

深:茶汤颜色深。

浅:茶汤色浅似水。

明亮:茶汤清净透明。

暗:不透亮。

浑浊:茶汤中有大量悬浮物,透明度差。

浑浊物:茶汤中沉于碗底的物质。

（3）香气术语

高香:茶香高而持久。

纯正:茶香不高不低,纯净正常。

平正:较低,但无异杂气。

低:低微,但无粗气。

钝浊:滞钝不爽。

闷气:沉闷不爽。

粗气:粗老叶的气息。

青臭气:带有青草或青叶气息。

高火:微带烤黄的锅巴或焦糖香气。

老火:火气程度重于高火。

陈气:茶叶陈化的气息。

劣异气:烟、焦、酸、馊、霉等茶叶劣变或外来物质污染所产生的气息。

（4）滋味术语

回甘:回味较佳,略有甜感。

浓厚:茶汤味厚,刺激性强。

浓醇:浓爽适口,回味甘醇。刺激性比浓厚弱而比醇厚强。

醇厚:爽适甘厚,有刺激性。

醇正:清爽正常,略带甜。

醇和:醇而平和,带甜。刺激性比醇正弱而比平和强。

平和:茶味正常,刺激性弱。

浅薄:入口稍有茶味,以后就淡而无味。

涩:茶汤入口后,有麻嘴厚舌的感觉。

粗:粗糙滞钝。

青涩:涩而带有生青味。

苦:入口即有苦味,后味更苦。

熟味:茶汤入口不爽,带有蒸熟或闷熟味。

高火味:高火气的茶叶,在尝味时也有火气味。

老火味:近似带焦的味感。

陈味:陈变的滋味。

劣异味:烟、焦、酸、馊、霉等茶叶劣变或受外来物质污染所产生的味感。

二、术语中的常用名词、副词

1.常用名词

芽头:未发育完全或者还未展开叶片的营养芽。由茶树顶端或者叶腋萌发出来,质地柔软,基本生长成形的生长组织。

茎:尚未木质化的嫩梗。

梗:着生芽叶并且已显木质化的茎,一般指当年的青梗。

筋:脱去叶肉的叶柄、叶脉部分。

碎:呈颗粒状,细而短的断、碎芽叶。

单张片:单瓣叶子,有老嫩之分,一般指叶形较大、嫩度稍差的单叶。

片:破碎的细小轻薄片。

末:细小呈粉末茶叶,也指细小的非茶细末。

朴:叶质粗老,轻飘,呈块片状的老叶。

红梗:梗子呈红色。

红筋:叶脉红变。

红叶:叶片红变。

渥红:鲜叶未杀青前叶片泛红,轻度发酵。

麻梗:头年生老梗、粗老梗,呈麻白色。

绿苔:当年生的新梢,呈绿色。

中和性:香味不突出的茶叶,适于拼配。

上段:摇样盘后,浮在表面较轻松、长、大的茶叶。面张与此同义。

中段:摇样盘后,集中在中层较紧细、重实的茶叶。腰档与此同义。

下段:摇样盘后,沉积于底层细小的碎茶、片末。下身、下脚与此同义。

2.常用副词

茶叶的品质情况很复杂,当产品对照其标准样进行评比时,某些品质因子往往有程度上的差异。此时除使用上述等级评语作为主体词外,还可以主体词前加"较""稍""尚""欠"等比较性的辅助词,以表达质量差异程度,这种辅助词叫作副词,也称虚词。这类词是用来比较样茶与标准样茶间的质差程度的,离开作为对照的标准样,这类词便失去意义。

较:用于两茶样相比时,表示品质高于标准或低于标准。如较浓、较高、较低、较暗等。

稍、略:用于某种形态不正、稍有偏差及物质含量不多、程度不深时。如略扁、略烟、稍暗、略有花香、稍淡等。

欠:在规格要求上或某种程度上,还不符合要求,且程度上较严重,品质明显低于标准。如欠亮、欠浓、欠匀等。

尚:用于品质略低于或接近于标准样时。如红尚艳、尚浓等。

带:程度轻微时用,有时可与其他副词连用。如带有花香、略带烟气等。

有:形容某方面存在,如有茎梗等。

显:形容某方面比较突出,如白毫显露、显锋苗等。

微:在差异程度上很轻微时用之,如微烟、微苦涩等。

茶叶的感官审评是依靠人的感觉器官,对茶叶的色、香、味等各种品质特点进行感受,做出判断。因此茶叶审评人员要经过一定时间的专业培训,并且不断地反复实践,才能够准确地了解各类茶叶的品质特点,对茶叶质量做出科学的评价,才能够发现茶叶制造过程中存在的问题,改进制造工艺和技术,提高茶叶质量。

不同地方生产的茶叶产品因为气候条件不同,品种不同,采摘标准和制造工艺的差异,同一类茶叶产品也会形成明显不同的地域特点和品种特点,经验丰富的审评师可以通过审评判断出茶叶的产地。

茶叶的感官审评是依靠人的主观判断,人的感觉器官始终存在差异,就像仪器也存在误差一样。因此不同的审评人员会对同样的茶叶产品做出不同的评语,对多个茶叶产品质量差异排出不同的顺序,但是这些差异不会影响正常的审评结果。

茶叶审评要注意影响茶叶质量的各个因素之间的关系,抓住影响质量的主要因素,才能够做出正确的评判。在感官审评的外形、内质八大因素中,茶叶的嫩度是决定性的因素。尽管不同茶类的嫩度标准有所不同,但就同一类茶叶来讲,嫩度仍然是主要因素。其次是香气,在同等嫩度条件下,香气好的茶叶,滋味必然是好的。香气和滋味两个因素中,通常以香气为主对质量进行排序,这是因为审评人员对香气的敏感程度大于对滋味的敏感程度,容易从香气中判断出差异。当然,茶叶质量的等级差异也会反映到汤色、叶底等方面。

第十节　评茶计分

一、对样评茶

对样评茶就是对照某一特定的标准样来评定茶叶的品质。标准样是衡量产品质量的标尺。标准样分毛茶标准样、加工标准样和贸易标准样。

1. 对样评茶的应用范围

(1)用于产、供、销(或购销)的交接验收　其评定结果作为产品交换时定级计价的依据。这种对样评茶是以各级标准样为尺度,根据产品质量高低评定出相应的级价。符合标准样的,评以标准级,给以标准价;高于或低于标准样的,按其质量差异幅度大小,评出相应的级价或档次,级价及档次对样按品质高低上下浮动,如毛茶收购标准样及一部分加工验收标准样属这一类。

(2)用于质量控制和质量监管　其评定结果作为货样是否相符的依据。这种对样评茶应以标准样为佳,交货品质必须与对照样相符,高于或低于标准样的都属不符。符合标准样的评为"合格",不符合的评为"不合格"。交货品质不允许上下浮动。

对外贸易标准样和成交样就属这一类。我国输出茶检验规定："各类各级茶,必须符合中华人民共和国对外经济贸易部制定的标准样茶和出口合同规定的成交样茶,要求交货品质必须与样相符,因为它代表着整批茶叶的品质。在国际贸易中,货样是否相符,是衡量商品信誉的重要标志,为保证商品质量,维护商品信誉,所采取的一项重要措施。"

购销交接对样评茶与出口茶的对样评茶,虽然两者审评项目相同,但侧重点有所不同,前者在于评定茶叶品质的高低优次和相应级价,而后者在于评定货样是否相符,如成交时的样品是碎茶,交货时有条茶或样品是片茶,由于外形规格不符,都应评为不合格。在评定内质时,不仅应对照标准样茶,同时应对照同期、同茶号的交货品质水平,然后确定内质。

2.对样评茶的方法

正确的对样评茶,除按一般方法进行审评外,还应采取如下措施。

(1)三样评茶 "三样"即贸易标准样、交货样和参考样。标准样和成交样是依据,但同时应参考同时期、同销区、同客户的交货样,这对保持前后期的交货品质均衡,正确掌握货样相符是行之有效的。

(2)双杯评茶 为使审评结果更加正确,评茶时可采取双杯制,如发现两杯之间有差异时,一般应泡第二杯或第三杯,直至双杯结果基本一致。

(3)密码评茶 为防止评茶人员的主观片面性,使审评结果更为客观可靠,可采用密码审评,有时可把交货样比作标准样,把标准样比作交货样,互相对比,衡量交货水平。

二、对样评分

评茶计分(简称为评分法)是用来记录茶叶品质优次的方法。评分的高低应以评比样(标准样)为依据,是衡量品质高低的准绳。

评分和评语虽然都是表达茶叶品质优次的方法,但作用不同。评分是以数值直观地表示茶叶品质的优劣,从分数上可以看出被评茶叶质差或级差的大小,但不能看出质差的原因,需用评语作补充。评语是对被评茶叶品质因素的说明,指出高或低于评比样的实况,但不能看出品质差距的程度,须配合分数来表达。

1.评茶记分的方法

评茶记分的方法各个国家不同,有用 30 分制或 0 分制,有增分法和减分法,也有把标准定为最高分或最低分的。对评茶来说,分数只是一种表达品质高低的标记,只要统一标准,掌握方法,结果正确,可以任意选用,但必须按照本国该地区惯用的方法来评分,否则失去实用价值。我国现行评茶计分方法有百分法和权分法两种。

(1)百分法

①将标准样茶的各项品质因子都定为 10 分,其综合平均数 100 分,并与国家核定的标准价格相结合而成为品质系数。评茶时依商品茶比标准样茶品质的高低而增减分数。例如红碎茶上档每市标准价格为 400 元,每增或减 1 分按 4 元计算,评得 100 分者给予标准价。

②以等级实物标准样为依据,100 分为最高分,对各级标准样茶规定一个分数范围,级别与级别的分距均等。例如:一级茶为 91~100 分,二级茶为 81~90 分,三级茶为 71~80 分。依此类减,每个级别距是 10 分。如果每个级别再要分上下两个等,则 96~100 分是一级一等,91~95 分是一级二等。这种评分法,以给分的多少确定等级,计算价格,所以又称等级评分法。

③以标准样茶为 100 分,它是对照某个评比样(包括标准样)高低而言,评分只表示加分或减分,表示与评比样的差距大小,不能区分等级,因此各级茶的评分可以相同。以百分法为例,符合标准样的评以 100 分,"稍高"的可加 1 分,"较高"者加 2 分,"高"者加 3 分或 3 分以上;反之"稍低者"减 1 分,"较低"者减 2 分,"低"者减 3 分或 3 分以上。评分时应对加分或减分的多少,根据质差大小,给予相应的分差。如有一项减 3 分或几

项合计减 3 分者,即评为低于标准样;反之则评为高于标准。加分或减分不能作算术平均。该评分方法又称对样评分。

(2)权分法——加权评分法　权分是权衡某审评项目或因子在整个品质中所处的主次地位而确定的分数,这个分数即作权数。由于各类茶的品质要求不同,审评因子所确定的权数是不同的,但大体上有两种方法:一是依各项品质因子主次地位所确定的最高分,采用对样评分,评分之和为品质评定的结果,如花茶评比各因子的权数,外形占 20%,香气和滋味占 60%,汤色、叶底各占 10%;也有将香气和滋味分开,香气占 40%,滋味占 30%,叶底占 10%,汤色作参考。二是按百分法评定各因子的分数乘以权数,其和除以总权数 100 所得的分数为品质的评定结果,白茶的加权评分见表 4-5。

表 4-5　白茶品质权数评分表

外形				叶底	
嫩度	色泽	叶老	净度	嫩度	色泽
给分×30(权数)	给分×30	给分×20	给分×20	给分×50	给分×50

来源:袁弟顺. 中国白茶[M]. 厦门:厦门大学出版社,2006.

评分计算方法:外形、叶底两项目分别各自加权平均。叶态品质因子包括整碎程度;香气、滋味必须符合该级别茶的各个要求。汤色加评语不给分。

$$内质评分 = \frac{\sum 内质各项给分 \times 其加权数}{内质总加权数}$$

$$外质评分 = \frac{\sum 外形各项给分 \times 其加权数}{外形总加权数}$$

内质外形都合格后的得分=内质分数+外形分数

❋ 第五章 茶叶物理和化学检验

第一节 物 理 检 验

一、法定物理检验

为保证茶叶物理检验结果的准确性和重现性,国家标准中规定了统一检验方法,它既要从我国茶叶生产和对外贸易的实际情况出发,起到促进生产和管制品质的作用,又要考虑到国际茶叶检验标准和方法的水平,以利茶叶出口贸易正常进行。为此,本节除介绍我国国家标准规定的检验方法外,适当地介绍国外现行一般的物理检验方法。

(一)取样

样品的拣取,是指对应施检验的进出口整批商品,按照国家标准规定拣取一定数量具有代表性的样品,来检验分析产品的质量,它是检验工作的开始,也是保证检验结果正确性的基础。茶叶品质是由多项因子组成的一种商品,而我国出口茶叶大部分在口岸拼配出口,也有部分由茶厂原箱包装出口,货源广阔,品种繁多,加上季节和制法上的差异,要拣取具有高度代表性的样品,是一项极为细致的工作;样品结果不具代表性,即使检验工作认真、检验方法科学和检验仪器精密,还是不能反映商品茶的实际品质情况,这样就可能给国家在政治上、经济上带来巨大损失。

拣样时,不仅需要拣取正确的样品,而且对商品的包装、外观、品质差异等情况,应作详尽观察记录,以利于整个检验工作的顺利进行。

1. 取样数量

数量按国家标准规定,不论箱装或篓装,取样必须以批为单位。每批的茶类、花色、等级、茶号、包装规格和单位重量必须是统一的。取样数量规定见表5-1。

表 5-1　茶叶报验数与取样数

报验件数	取样件数	报验件数	取样件数	报验件数	取样件数
1～5	1	351～400	9	1 001～1 200	17
6～50	2	401～450	10	1 201～1 400	18
51～100	3	451～500	11	1 401～1 500	19
101～150	4	501～600	12	1 501～2 000	20
151～200	5	601～700	13	2 001～2 500	21
201～250	6	701～800	14	2 501～3 000	22
251～300	7	801～900	15	3 001～3 500	23
301～350	8	901～1 000	16	3 501～4 000	24

来源:陆松侯,施兆鹏.茶叶审评与检验.3版[M].北京:中国农业出版社,2001.

2. 取样用具

用具包括开样器、取样铲、有盖的专用茶箱、软篓或塑料布、分样器、茶样筒(容量500 g)等。

分样器是由两组斜底小槽的分样栅构成,每组10个小槽,呈相反方向间隔排列,小槽宽1.5 cm,斜底倾角不小于50°,上部装有活门漏斗,漏斗底部活门装有弹簧开关。分样栅下有两只接样槽,任取一只接样槽中的样品,再重复缩分至需要量。

3. 取样方法

(1)大包装茶取样方式

①包装前取样。即在产品包装过程中取样。于茶叶最后一道匀堆工序完毕后,在定量装茶时,约每装50件,用取样铲取出样品约500 g。所取的样品集中于有盖的专用茶箱中,混匀,作为原始样品。原始样品用分样器缩分至500～1 000 g,作为平均样品,分装于1～2个茶样筒中,供检验用。

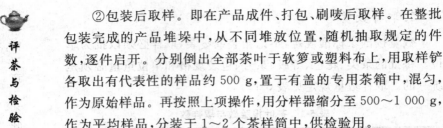

②包装后取样。即在产品成件、打包、刷唛后取样。在整批包装完成的产品堆垛中,从不同堆放位置,随机抽取规定的件数,逐件启开。分别倒出全部茶叶于软箩或塑料布上,用取样铲各取出有代表性的样品约 500 g,置于有盖的专用茶箱中,混匀,作为原始样品。再按照上项操作,用分样器缩分至 500～1 000 g,作为平均样品,分装于 1～2 个茶样筒中,供检验用。

原始样品不足 2 kg 的,应酌量增加取样数量。

(2)小包装茶取样方式

①装听(盒或袋)前取样方法同大包装前取样。

②装听(盒或袋)和成箱后取样在整批包装完成的产品堆垛中,从不同堆放位置,随机取规定的箱数,逐箱开启,从各箱内不同位置处,取出 2～3 听(盒或袋)。所取样品除保留数听(盒或袋)盛于密闭的容器中,携回供单个分别检验外,其余各听(盒或袋)现场拆封,倒出茶叶,混匀,作为原始样品。原始样品用分样器逐步缩分至约 500 g,作为平均样品,装于茶样筒中供检验用。

袋泡茶的拆封混样工作,可视需要在检验室内进行。

③压制茶取。从整批产品中,按照规定的取样数量,随机抽取逐件开启,从各件内不同位置处,取出 1～2 个,经逐个检查后,单位质量 500 g 以上的,留取 3 个;500 g 以下的,留取 5 个。盛于密闭的容器中,供检验用。在取样同时,必须检查包装是否符合标准规定,件额、标记和箱子等是否与报验单所载相符。现在口岸、产地或工厂,一般均采用装箱前取样的办法,由专职人员在茶叶匀堆过磅装箱过程中进行。

(二)粉末、碎茶检验

茶叶在初精制过程中,尤其是精制的筛切过程中,不可避免地产生一些粉末碎片茶。这些片末茶的存在,直接影响了外形的匀整美观,冲泡后使汤色发暗,滋味苦涩。粗老原料更易于产生片末茶,这些片末茶往往使汤味浅淡,不受消费者欢迎。因此,粉末及下盘茶的多寡,作为品质优次的一个物理指标,在检验标准中,给予一定的限制,是很有必要的。

1950 年规定的粉末标准,正茶筛孔为 24 孔/2.54 cm,副茶为 34 孔/2.54 cm,各悬空筛转 5 次,含量均不得超过 4%。1951 年为了提高茶叶品质,增加检验大于粉末的下盘茶一项,用 16 孔/2.54 cm 筛,悬空筛转 5 次计量,以不超过 12% 予以试行。1954 年粉末检验标准改订为不得超过 2%,并采用电动粉末筛,筛孔改方孔为圆孔。筛子的规格如下:筛分为四层,第一层为筛盖;第二层为碎茶筛;第三层为粉末筛;第四层为筛底。筛面直径均为 28 cm,盖高 3.5 cm,底高 3 cm,粉末、碎茶筛均高 4 cm。下盘茶筛孔直径为 1.3 mm,孔距 0.9 mm,粉末筛筛孔直径为 0.65 mm,孔距为 0.6 mm。无电动粉末筛的单位,采用平面手筛法检验粉末下盘茶,改原悬空筛转为玻璃板平面手筛法,筛转次数、幅度、时间都做了规定,检验结果与电动粉末筛法的结果接近。1962 年现行标准规定,下盘茶只记录结果,不作具体限制,1963 年外贸部商检总局同意"全国商检局茶检工作座谈会"提出的意见,即"各类茶叶中碎茶(下盘茶)含量,可合并在外形项内分别按加工验收统一标准样茶或贸易成交样茶对样评茶,不检验碎茶(下盘茶)含量的百分数"。现将粉末检验方法列于下:

电动机筛法:样品通过分样器充分混匀,准确称取试样 100 g,倒入接好筛底的粉末筛内,盖上筛盖,以 200 r/min 的速度,筛转 1.5 min,收集筛底粉末称重(准确到 0.01 g),按下式计算百分率。

$$粉末率 = \frac{筛下粉末质量}{试样质量} \times 100\%$$

平面手筛法:样品通过分样器充分混匀,准确称取试样 100 g,倒入接好筛底的粉末筛内,上接筛盖,使筛底平贴在玻璃平面上筛转,红茶、绿茶、花茶沿直径 56 cm 圆周筛转 10 r,时间约 9 s,乌龙茶(包括熏花乌龙茶)沿直径 56 cm 圆周筛转 50 r,时间 41~45 s,收集筛底粉末称重,按电动机筛法计算百分率。

1986 年国家专业标准只规定电动筛分机方法,使用 CF-I 型电动筛分机,200 r/min。检验筛采用铜丝编织的方孔标准检验筛，直径为 200 mm，高 57 mm，有底有盖。其方、圆孔径见表5-2。

表 5-2　各类筛规格及方、圆孔径对照表

筛名	方孔/目	圆孔孔径/mm	用于茶类花色
粉末筛	28	0.63	条形及圆形茶
	40	0.45	各类茶的碎茶
	60	0.28	各类茶的片茶
	80	0.18	各类茶的末茶
碎茶筛	16	1.25	条形及圆形茶

来源：陆松侯，施兆鹏. 茶叶审评与检验. 3 版[M]. 北京：中国农业出版社，2001.

注：条形及圆形茶系指工夫红茶、红碎茶中的叶茶、珍眉、贡熙、珠茶、雨茶、铁观音、色种、乌龙、水仙、奇种、白牡丹、贡眉和花茶。

检验方法是将样品混匀后，用分样器缩分。称取有代表性的试样 100 g（准确至 0.1 g）倒入下接粉末筛和筛底的碎茶筛内（碎、片、末茶产品的试样，直接倒入粉末筛内），盖上筛盖，放在电动筛分机上，筛动 100 r。将粉末筛筛下物移入铝皿中，称重（准确至 0.01 g），即为粉末质量。移去碎茶筛筛上物，再将粉末筛筛面上的碎茶筛筛下物，重新倒入下接筛底的碎茶筛内，盖上筛盖，放在电动筛分机上，筛动 50 r。将筛下物移入铝皿中，称重（准确至 0.01 g）即为碎茶质量。其结果按下式计算。

设粉末含量百分率为 X_1，碎茶含量百分率为 X_2，则：

$$X_1 = \frac{M_1}{M} \times 100\%$$

$$X_2 = \frac{M_2}{M} \times 100\%$$

式中：M_1—筛下物粉末质量，g；M_2—筛下物碎茶质量，g；M—试样质量，g。

碎茶及粉末测定应做双试验。当测定值小于或等于 3% 时，同一分析者相继进行的两次测定，结果之差不得超过0.2%；当测定值大于 3%，小于或等于 5% 时，两次测定值之差不得超过 0.3%；当测定值大于 5% 时，两次测定值之差不得超

过 5%，否则，需重新分样检测。

（三）含梗量检验

散茶称取 100 g，用镊子拣出茶梗，称重，并算出其含梗百分率：

$$茶梗率 = \frac{拣出茶梗质量/g}{试样质量/g} \times 100\%$$

压制茶则锯取半块，置蒸笼中汽蒸 2～3 h，取出，拣出茶梗，各自烘干称重。按上式计算含梗百分率。

（四）夹杂物含量检验

在茶叶的采制过程中，往往夹有一些有碍卫生的非茶类的夹杂物，其中有的还是恶性夹杂物，如虫尸、铁屑、泥沙、碎玻璃片等。这些非茶类的夹杂物，直接危害消费者的身体健康，应予以严格检验，杜绝有夹杂物的茶叶出口和销售。

1. 磁性杂质检验

茶叶中的磁性夹杂物，主要是制造和装箱中带来的铁钉、铁屑。检验方法是将样品 500 g 在玻璃板上铺成约 2 cm 厚的薄层，用永久磁铁或电磁铁贴玻璃板，并在板上交错滑动，每次把吸附的磁性杂质收集在一张白色硬纸上，直至无杂质被吸引为止。将所收集物再用另两张白纸夹好搓擦，即把非磁性物质分离，再吸引一次，将磁性杂质收集称重。计算方法如下：

$$X = \frac{G_1}{G \times 10^{-3}} \times 1\,000$$

式中：G_1—检出夹杂物质量，g；G—试样质量，g；X—夹杂物含量，mg/kg。

磁性夹杂物分为大型和小型两种。5 孔方筛筛面物为大型，筛下物为小型。应分别按不同情况，以不同方式进行检验。

大型夹杂物检验可结合取样同时进行。检验件数不少于取样件数的 1/4，不大于取样件数的 1/2。其数量为散装茶每件筛检 2～4 kg，必要时整箱全部筛检；小包装茶每件筛检 10～20 听（盒、袋）。

检验工具和方法：用直径 200～400 mm 的 5 目方孔筛检测样品，散装茶一次筛检 200～500 g，小包装茶一次筛检 1～2 听（盒、袋，如样品在 100 g 以下的，可合并筛检）。用平圆回转手筛，筛尽茶叶检点筛上杂物的个数。用个数除以各次筛检的茶叶总量（按千克计），以个/kg 表示，即每千克茶叶中含有多少个大型夹杂物。

2. 其他夹杂物的检验

茶叶中常易混杂泥沙、有机物和昆虫尸体等。测定泥沙常采用总灰分和酸不溶灰分的方法来确定，如有明显的小型泥块、沙石，亦可采用浮选法，用水进行缓慢的流洗茶叶，使泥沙与茶叶分离，收集沉淀物煅烧，测定其灰分，确定其含量。

茶叶中的虫尸，有的来自采摘制造，有的则来自包装和仓储。一般虫尸体容易被发现检出，而螨类虫体微小，难以发现，要用放大镜或显微镜才能鉴别。其方法是：取样 1 000 g，倒在底衬白纸的玻璃板上，拣出可见的杂质、虫类、虫尸、虫卵及其碎屑，记录种类、质量，并计算结果。将上述目检后的样品，重新混匀，称取 25 g 于三角烧杯中，加沸水 750 mL 在水浴中煮沸 5 min，不时搅拌，取下冷至室温，再加入 25 mL 煤油，剧烈搅拌，注入足够的水使煤油层升到瓶颈，放置 15 min，然后收集浮悬于煤油中的虫尸，如还难辨别，可用染料着色，再进行细察，在显微镜下观察其形态，并登记虫名、数量等。

（五）成品茶包装检验

出口商品的包装，是保护商品质量，直接关系到商品价值、商品声誉的问题，也反映了我国生产、科技和艺术的发展水平。因此包装检验是出口商品检验的一个部分。茶叶是一种组织结构疏松多孔的物质，可以借助从表面到内部的许多毛细管，将空气中的水汽或异气吸附，茶叶中某些化学成分如胶体物质结合水分子形成水合物，晶体物质发生潮解，起着吸附水汽、异气的作用。茶叶受潮后，内部多酚类等物质的氧化加速，茶叶陈化加快，香味低淡，汤色暗浊。据测定：在温度 25℃，相对湿度 90% 的环境下，祁红上级茶含水量 6.02%，露置 48 h 后水分为

7.54%,72 h则为8.62%。含水量高于12%时,容易霉变。茶叶内含化学成分中尚有一些高级萜烯类化合物和脂肪酸类物质,对于水汽和各种异气的分子有较强的吸附作用,这类物质,高级茶多于低级茶,加之高级茶的毛细管吸附面大于低级茶,因而,高级茶的包装严密性以及防潮防异性应高于低级茶。

茶叶包装除保护茶叶品质外,还有便于运输仓储,装卸和记量及美化商品等作用。因而,茶叶包装要求科学、经济、牢固、美观。

1.包装检验的内容

对于出口包装的质量,应按部标准和合同合约的规定进行检验,以检验包装制成品为主,结合出口茶取样同时进行。对于装箱前取样以及分批分次出口的箱茶,须于箱茶发运前补验外包装的质量和标记。

包装质量,可着重检查下列各项:

(1)散装茶的包装

箱种:按原木箱、胶合板箱(铅丝钉箱、包角铁皮箱、搭攀箱)规格检验。

尺寸:合同规定单位质量的,按照定量箱检验;合同未规定的,按标准规定检验。

钉制质量:检查口角档衔接,钉、攀用量,包角铁皮密合度,防潮纸制作质量和钉制是否符合规定。原木箱还应检查拼块和板缝等。

外包和捆扎:检查是否牢靠,紧密。

(2)小包装茶的包装 内包装,着重检查铁听、纸张、袋子是否清洁,有无异气味,特别注意与茶叶接触的包装材料的清洁和卫生,并检查色差、扎封质量等。

外包装,检查纸箱、无档箱的质量是否符合规定要求,并检查捆扎质量。

对于出口的各类茶叶的包装质量,必须符合牢固、清洁、干燥、无明显异气味和适于长途运输的要求,其标记必须整齐、清晰,符合标准和合同合约的要求。经商检部门检验合格的出口茶,必要时,可实行检验合格标记制度,以表明检验的严肃性和树立商检在国际贸易上的权威性。为了系统地考查出口茶包装的质量,每年应对各厂出口茶的包装,进行一次物理机械性能的抽样检验,实行茶箱的跌落和防潮性能实验,实验方法另定,以供了解和改进包装的参考。

2.包装检验的用具与方法

出口茶叶包装检验,一般采用观察与实测,进行实测时,使用以下几种工具:

钢卷尺、钢皮尺、分厘卡、金属线规,以及水分检验等使用的仪器设备。

(1)箱板含水量的检验方法 从板材(木板或角方档)中段部分锯下 1 片试验材料——试验片(从平行于木材纹理方向计),长 20 cm,编号后,立即用砂纸磨平或刨平其粗糙面,称重感量 0.1 g,然后在 100～105℃烘箱中烘干至恒重,按下式计算含水率。

$$板材含水率=\frac{试验片原始质量-试验片烘干后质量}{试验片原始质量}\times100\%$$

注:木材干度一般以绝对干重计算。

在干燥过程中,也可进行含水率的检验,其方法是:当一批湿度大致相同的板材进行干燥时,取出一定数量的板材,由截头 0.3 m 的地方,锯成长 1.0～1.5 m 的试验板,编号后按照上法锯成试验片,并测定其含水率,同时将试验板用准确的台秤,称得其质量,根据所测的含水率,即得该试验板的原始质量与含水率。

试验板编号称重后,随即放回该批板材的堆垛中,同样进行自然干燥,以便于以后随时取放。为了了解干燥过程中含水率变动情况,随时取出试验板称重,用下列公式求得其含水率:

$$板材含水率=\frac{试验片当时质量-试验片绝对干燥质量}{试验片绝对干燥质量}\times100\%$$

(2)板材缺点检验方法 板材缺点主要是节子、变色及腐朽、裂纹弯曲等几种。在制成茶箱后，对牢固与密封性能有不良影响。

节子：有死节、活节、松软节、腐朽节和岔节之分。活节与周围木材紧密相连，质地坚硬，对木材使用影响较小。死节则与周围木材脱离或部分脱离，容易产生节孔，制成板箱影响防潮效果。松软节即初腐节，木质虽未腐朽但质地松软，易生节孔，腐朽节木质已成粉末或呈絮状的腐败现象，木材一经加工即成空洞，严重影响板材质量，有的国家禁止这类包装进口。岔节是由树木大枝杈形成的，因深入内部，引起纹理混乱，对茶箱牢固度有较大的影响。在检验时，应视节子的种类、个数、大小（以其最小直径计算），予以记录。

变色及腐材：木材因受细菌侵蚀后，只引起木材颜色的改变，但保持原有硬度和结构者，称为变色。常见有青皮、红斑两种。

青皮系由青霉菌侵蚀，而使边材部分呈青蓝色或青灰色，红斑的板材的断面呈红褐色斑点，纵切面呈红褐色条带状。青皮、红斑均不影响木材强度。检验变色面积占木板面积的相对百分比。

木材受腐朽菌侵蚀后，木质发生变化者称腐朽，常见的有"红腐"和"白腐"两种，红腐外观带红褐色，白腐外观像小蜂窝孔，中间有白色斑点。腐朽木材严禁用来制作茶箱。

裂纹与弯曲：裂纹分纵裂与环裂两种，纵裂沿木材纵向裂开，环裂是指沿年轮呈弧状裂开。细小裂纹对木材质量影响不大，故裂纹一般规定宽度（最宽处）的计算起点，在计算起点以上的裂纹，纵裂以长度与材长之比计数。

板材弯曲分顺弯、横弯和翘弯三种。系木材干燥变形而造成的板材不平正的现象。用下列公式检验其弯曲度（高度、长度单位：cm）：

$$弯曲度 = \frac{弯曲最高度}{内弯面长度（或宽度）} \times 100\%$$

（3）茶箱强度的检验方法　茶箱牢固程度如何，能否经受储运中各种重压、碰撞和丢落,除决定于板材规格是否符合标准外,也取决于制箱技术是否正确。如果制箱技术不当,飘钉、空钉过多,即使材料规格符合标准,茶箱也难达到牢固要求。其检验方法是,将茶箱按规定装满茶叶,置于高 1.3 m 的木架,放在水泥地上,按箱角、箱边、箱面三种着地方式,将茶箱从架上或人肩跌落,每跌落一次,即进行一次检查,检查茶箱各部分是否破裂、松散、移动等情况,分别做出记录。

(4)木味检验 现用板材,除枫木元木味外,其他松杉木板材,在使用前要进行去味处理,一般使用自然去味和蒸煮去味两种方法。

自然去味,是将锯板交错搁成多孔晒架,在烈日下曝晒 1 个月以上,板材干燥,木味已除。蒸煮去味,系将箱板放在放有少许石灰的沸水中煮约 3 h,再烘 2 h,取出晒干。经去味木板,需用鼻嗅来确定木味是否除尽后,确定可否用作包装材料。

(5)衬纸检验方法 茶叶包装用衬纸,系用 $50 \sim 60$ g/m^2 的牛皮纸,这种纸是用 100% 硫酸盐木浆制成,柔韧结实而富有弹性,耐破强度好,并具有良好的抗水性,检验方法是抽取样件后,每件上下 20 mm 处各取 1 张,中部取 1 张共 3 张。在每张牛皮纸的四角,离边 10 cm 以上及中央,各切取 100 mm×100 mm 的试样各 1 块,共计 5 块,并称重(准确到 0.01 g),将所有抽取纸样切取试样和称重后,按下列公式,计算克重。

$$克重/(g/m^2) = \frac{试样总质量/g}{试样总面积/m^2}$$

检验铝箔厚度,使用分厘卡,要求精密度达到 $\frac{1}{1\,000}$ mm。

(六)茶叶衡量检验

衡量检验包括对商品的重量、数量检验和体积丈量检验。商品的数量、重量和体积,是贸易双方交易的重要条件,必须认真检验,而衡量检验工作,又依赖衡器的准确性、示度的恒定性和感量的灵敏性。必须具备这些基本要求,才能保证衡量检验的准确。

1. 净重检验

事先须检查衡器的可靠性,调整平衡后,方可开始工作。

①抽查箱数,50 箱以内抽查 2 箱;50～100 箱抽查 3 箱;100 箱以上每增加 100 箱增抽 1 箱,如遇必要可增加抽查箱数,但最多抽查不得超过总数的 1/10。抽查的箱数随机抽取。

②每箱实衡净重与标明净重的差重幅度应在下列范围之内。

不超过 1 kg 的,±5 g;

2 kg 装的,±10 g;

5 kg 装的,±50 g;

10～25 kg 的,±0.1 kg;

26～40 kg 的,±0.2 kg;

41 kg 及以上的,±0.25 kg;

③分成小包后装在箱内的小包装茶叶,除了整箱净重的差重幅度应符合①、②两点规定外,每箱从箱中至少取出 20 包检验重量。小包装的净重差重幅度应在下列范围之内。

每包净重在 50 g 以下的,±0.25 g;

每包净重在 50～100 g 的,±0.5 g;

每包净重在 101～150 g 的,±1.0 g;

每包净重在 151～200 g 的,±1.5 g;

每包净重在 201～300 g 的,±2.0 g;

每包净重在 301～500 g 的,±2.5 g;

每包净重在 501 g 及以上的,±3.0 g。

④毛重检验至少应抽查 2%。如抽查部分的实衡毛重总数和抽查部分的标明毛重总数,差重溢缺各在 1% 以内,即认为与原来毛重相符。超过上述幅度,应抽查 10%,以实衡部分的平均毛重推算全部毛重,以毛重减净重,算出皮重。

⑤抽查部分衡净重的总数和抽查部分标明净重总数,如差重幅度溢缺各在 0.2% 以内,仍认为净重符合。

⑥每包件的平均重量到千克(或磅)以下小数点后三位;总重量计算到吨以下小数点后三位,第四位四舍五入。

2. 体积丈量检验衡量（以尺码吨计量办法）

①量尺工具可采用英制木卡尺，量尺用前必须检查刻度准确性，符合要求才能使用。

②每批抽箱丈量的箱数规定如下：100 箱以内者抽量 4 箱，100～200 箱抽量 6 箱，201～500 箱抽量 8 箱，501～1 000 箱抽量 10 箱，1 001～1 500 箱抽量 15 箱，1 500 箱以上者抽量 20 箱。

③每箱一律按外围丈量，打捆的茶箱在打捆后丈量，箱外钉有木档或其他护箱物的茶箱，按最大面积丈量。

④每件量取长、宽、高三边，每边英寸以下的尾数都要量出，然后按尾数舍入法办理。

⑤尾数舍入办法，不超过 0.64 cm 者，一律不予计算。超过 0.64 cm，不超过 1.27 cm 者，作 1.27 cm 计算。超过 1.27 cm，不超过 1.90 cm 者，作 1.27 cm 计算。超过 1.90 cm 者作 2.54 cm 计算。

⑥计算每件平均尺码时，计算到小数点后第三位，第四位四舍五入。每批以总立方米为单位。

⑦尺码吨按货物体积计算（原按英寸和立方英尺计算，40 立方英尺为 1 英尺吨等于公制计算的 1.133 m^3）。

二、一般物理检验

近年来国内外试验研究中，应用物理手段检验茶叶外形和内质较为成熟的，具有一定使用价值的几种方法介绍如下。

（1）容重　单位容积的质量称为容重。干茶的容重与茶叶品质关系密切。一般而论，高档茶容重大，表示原料较细嫩，做工良好，条索（或颗粒）紧结重实，大小长短匀整，测定的容重数值就大。而低档茶原料较粗老，条索（或颗粒）松泡身骨轻，测定的容重数值就小。通过容重的测定能在一定程度上反映出茶叶的品质水平。

测定方法是将茶样往复均匀地倒入分样器中，然后将两只接茶槽中的茶叶分别倒入 500 mL 量筒中，茶叶倒入数量略超过 500 mL 刻度,将量筒牢固地安置在振荡器上往复振荡 5 min,取下量筒,加少量茶叶铺平到 500 mL 刻度,倒出茶叶,分别用 1/1 000 感应天平称重,称得的质量为 W_1 和 W_2(单位:g),按下列公式来计算茶叶的容重。

容重通常是以 1 000 mL 茶叶的质量(单位:g)来表示。

$$容重/(g/1\ 000\ mL) = \frac{G}{V} = W_1 + W_2$$

式中:G—固体物质的质量,g;V—固体物质的容积,mL。

(2)比容　单位重量物体所占有的容积称为比容,等于容重的倒数。同一花色品种而不同级别的茶叶,当重量相同时,其容积是不同的,一般都是随着级别的下降而呈有规律的增加。

测定方法是用分样器(或四分法等)在 1/1 000 感应天平中称取茶样 100 g,倒入 500 mL 量筒内,将量筒牢固地安置在振荡器上往复振荡 5 min,取下量筒,读出量筒刻度数,也即是容积(单位:mL)。按下列公式来计算茶叶的比容。

茶叶比容通常以 100 g 茶叶的容积来表示。

$$比容/(mL/100\ g) = \frac{V}{G}$$

第二节　化 学 检 验

一、特定化学检验

茶叶出口除水分、灰分作为法定化学检验项目外,根据茶叶贸易合同规定或客户要求,特别指定的化学检验项目主要有多酚类、咖啡碱、水浸出物及农药残留等项目。

(一)水分检验

1. 原理

利用食品中水分的物理性质,在 101.3 kPa(1 个标准大气压),温度 101～105℃下采用挥发方法测定样品中干燥减失的重量,包括吸湿水、部分结晶水和该条件下能挥发的物质,再通过干燥前后的称量数值计算出水分的含量。

2.试剂和材料

除非另有说明,本方法所用试剂均为分析纯,水为 GB/T 6682—2008 规定的三级水。

(1)试剂

①氢氧化钠(NaOH)。

②盐酸(HCl)。

③海沙。

(2)试剂配制

①盐酸溶液(6 mol/L):量取 50 mL 盐酸,加水稀释至100 mL。

②氢氧化钠溶液(6 mol/L):称取 24 g 氢氧化钠,加水溶解并稀释至 100 mL。

③海沙:取用水洗去泥土的海沙、河沙、石英沙或类似物,先用盐酸溶液(6 mol/L)煮沸 0.5 h,用水洗至中性。再用氢氧化钠溶液(6 mol/L)煮沸 0.5 h,用水洗至中性,经 105℃干燥备用。

3.仪器和设备

①扁形铝制或玻璃制称量瓶。

②电热恒温干燥箱。

③干燥器:内附有效干燥剂。

④天平:感量为 0.1 mg。

4.分析步骤

(1)固体试样　取洁净铝制或玻璃制的扁形称量瓶,置于101～105℃干燥箱中。瓶盖斜支于瓶边,加热 1.0 h,取出盖好,置干燥器内冷却 0.5 h,称量,并重复干燥至前后两次质量差不超过 2 mg,即为恒重。将混合均匀的试样迅速磨细至颗粒小于 2 mm,不易研磨的样品应尽可能切碎,称取 2～10 g 试样(精确至 0.000 1 g),放入此称量瓶中,试样厚度不超过 5 mm,如为疏松试样,厚度不超过 10 mm,加盖,精密称量后。置于 101～105℃干燥箱中,瓶盖斜支于瓶边,干燥 2～4 h 后,盖好取出,放入干燥器内冷却 0.5 h 后称量。然后再放入 101～105℃干燥箱中干燥 1 h 左右,取出,放入干燥器内冷却 0.5 h 后再称量。并重复以上操作至前后两次质量差不超过 2 mg,即为恒重。

注:两次恒重值在最后计算中,取质量较小的一次称量值。

(2)半固体或液体试样　取洁净的称量瓶,内加 10 g 海沙(实验过程中可根据需要适当增加海沙的质量)及 1 根小玻璃棒,置于 101～105℃干燥箱中,干燥 1 h 后取出,放入干燥器内冷却 0.5 h 后称量,并重复干燥至恒重。然后称取 5～10 g 试样(精确至 0.000 1 g),置于称量瓶中,用小玻璃棒搅匀放在沸水浴上蒸干,并随时搅拌,擦去瓶底的水滴,置于 101～105℃干燥箱中干燥 4 h 后盖好取出,放入干燥器内冷却 0.5 h 后称量。然后再放入 101～105℃干燥箱中干燥 1 h 左右,取出,放入干燥器内冷却 0.5 h 后再称量。并重复以上操作至前后两次质量差不超过 2 mg,即为恒重。

5. 分析结果的表述

试样中的水分含量,按下式进行计算:

$$X = \frac{m_1 - m_2}{m_1 - m_3} \times 100$$

式中:X—试样中水分的含量,g/100 g;m_1—称量瓶(加海沙、玻璃棒)和试样的质量,g;m_2—称量瓶(加海沙、玻璃棒)和试样干燥后的质量,g;m_3—称量瓶(加海沙、玻璃棒)的质量,g;100—单位换算系数。

水分含量≥1 g/100 g 时,计算结果保留三位有效数字;水分含量<1 g/100 g 时,计算结果保留两位有效数字。

(二)灰分检验

茶叶经高温灼烧后所得的残留物称为总灰分。根据茶叶灰分在水中及 10%盐酸中的溶解性的不同,又分为水溶性灰分、水不溶性灰分和酸溶性灰分、酸不溶性灰分。灰分是出口茶叶法定检验项目,它既是茶叶的品质指标,又是茶叶的卫生指标。

1.总灰分的测定

(1)原理　食品经灼烧后所残留的无机物质称为灰分。灰分数值系灼烧、称重后计算得出。

(2)试剂和材料　除非另有说明,本方法所用试剂均为分析纯,水为 GB/T 6682—2008 规定的三级水。

①试剂:乙酸镁[(CH₃COO)₂Mg·4H₂O];浓盐酸(HCl)。

②试剂配制

乙酸镁溶液(80 g/L):称取 8.0 g 乙酸镁加水溶解并定容至 100 mL,混匀。

乙酸镁溶液(240 g/L):称取 24.0 g 乙酸镁加水溶解并定容至 100 mL 混匀。

10%盐酸溶液:量取 24 mL 分析纯浓盐酸用蒸馏水稀释至 100 mL。

(3)仪器和设备　高温炉:最高使用温度≥950℃。分析天平:感量分别为 0.1 mg,1 mg,0.1 g。石英坩埚或瓷坩埚。干燥器(内有干燥剂)。电热板。恒温水浴锅:控温精度±2℃。

(4)分析步骤

①坩埚预处理:取大小适宜的石英坩埚或瓷坩埚置高温炉中,在(550±25)℃下灼烧 30 min,冷却至 200℃左右,取出,放入干燥器中冷却 30 min,准确称量。重复灼烧至前后两次称量相差不超过 0.5 mg 为恒重。

②称样

含磷量较高的食品和其他食品:灰分大于或等于 10 g/100 g 的试样称取 2～3 g(精确至 0.000 1 g);灰分小于或等于 10 g/100 g 的试样称取 3～10 g(精确至 0.000 1 g,对于灰分含量更低的样品可适当增加称样量)。淀粉类食品:迅速称取样品 2～10 g(马铃薯淀粉、小麦淀粉以及大米淀粉至少称 5 g,玉米淀粉和木薯淀粉称 10 g),精确至 0.000 1 g。将样品均匀分布在坩埚内,不要压紧。

③测定:试样应先在沸水浴上蒸干。固体或蒸干后的试样,

先在电热板上以小火加热使试样充分炭化至无烟,然后置于高温炉中,在(550±25)℃下灼烧4 h。冷却至200℃左右,取出,放入干燥器中冷却30 min,称量前如发现灼烧残渣有炭粒时,应向试样中滴入少许水湿润,使结块松散,蒸干水分再次灼烧至无炭粒即表示灰化完全,方可称。重复灼烧至前后两次称量相差不超过0.5 mg为恒重。

(5)分析结果(以干物质计算)

①加了乙酸镁溶液的试样,按下式计算:

$$X_1 = \frac{m_1 - m_2 - m_0}{(m_3 - m_2) \times \omega} \times 100$$

式中:X_1—加了乙酸镁溶液试样中灰分的含量,g/100 g;m_1—坩埚和灰分的质量,g;m_2—坩埚的质量,g;m_0—氧化镁(乙酸镁灼烧后生成物)的质量,g;m_3—坩埚和试样的质量,g;ω—试样干物质含量(质量分数),%;100—单位换算系数。

②未加乙酸镁溶液的试样,按下式计算:

$$X_2 = \frac{m_1 - m_2}{(m_3 - m_2) \times \omega} \times 100$$

式中:X_2—未加乙酸镁溶液试样中灰分的含量,g/100 g;m_1—坩埚和灰分的质量,g;m_2—坩埚的质量,g;m_3—坩埚和试样的质量,g;ω—试样干物质含量(质量分数),%;100—单位换算系数。

试样中灰分含量≥10 g/100 g时,保留三位有效数字;试样中灰分含量<10 g/100 g时,保留两位有效数字。

2.水溶性灰分和水不溶性灰分的测定

(1)原理 用热水提取总灰分,经无灰滤纸过滤、灼烧、称量残留物,测得水不溶性灰分,由总灰分和水不溶性灰分的质量之差计算水溶性灰分。

(2)试剂和材料 除非另有说明,本方法所用水为GB/T 6682—2008规定的三级水。

(3)仪器和设备 高温炉:最高温度≥950℃。分析天平:感量分别为 0.1 mg,1 mg,0.1 g。石英坩埚或瓷坩埚。干燥器(内有干燥剂)。无灰滤纸。漏斗。表面皿:直径 6 cm。烧杯(高型):容量 100 mL。恒温水浴锅:控温精度±2℃。

(4)测定　用约 25 mL 热蒸馏水分次将总灰分从坩埚中洗入 100 mL 烧杯中,盖上表面皿,用小火加热至微沸,防止溶液溅出。趁热用无灰滤纸过滤,并用热蒸馏水分次洗涤杯中残渣,直至滤液和洗涤体积约达 150 mL 为止,将滤纸连同残渣移入原坩埚内,放在沸水浴锅上小心地蒸去水分,然后将坩埚烘干并移入高温炉内,以(550±25)℃灼烧至无炭粒(一般需 1 h)。待炉温降至 200℃时,放入干燥器内,冷却至室温,称重(准确至 0.000 1 g)。再放入高温炉内,以(550±25)℃灼烧 30 min,如前冷却并称重。如此重复操作,直至连续两次称重之差不超过 0.5 mg 为止,记下最低质量。

(5)测定结果　以干物质计。

①水不溶性灰分的含量,按下式计算:

$$X_1 = \frac{m_1 - m_2}{(m_3 - m_2) \times \omega} \times 100$$

式中:X_1—水不溶性灰分的含量,g/100 g;m_1—坩埚和水不溶性灰分的质量,g。m_2—坩埚的质量,g;m_3—坩埚和试样的质量,g;ω—试样干物质含量(质量分数),%;100—单位换算系数。

②水溶性灰分的含量,按下式计算:

$$X_2 = \frac{m_4 - m_5}{m_0 \times \omega} \times 100$$

式中:X_2—水不溶性灰分的含量,g/100 g;m_0—试样的质量,g;m_4—总灰分的质量,g;m_5—水不溶性灰分的质量,g;ω—试样干物质含量(质量分数),%;100—单位换算系数。

试样中灰分含量≥10 g/100 g 时,保留三位有效数字;试样中灰分含量<10 g/100 g 时,保留两位有效数字。

3.酸不溶性灰分的测定

(1)测定原理　用盐酸溶液处理总灰分,过滤、灼烧、称量残留物。

（2）试剂　除非另有说明，本方法所用试剂均为分析纯，水为 GB/T 6682—2008 规定的三级水；浓盐酸（HCl）。

试剂配制：10%盐酸溶液，24 mL，分析纯浓盐酸用蒸馏水稀释至 100 mL。

（3）仪器和设备　高温炉：最高温度≥950℃；分析天平：感量分别为 0.1 mg，1 mg，0.1 g；石英坩埚或瓷坩埚；干燥器（内有干燥剂）；无灰滤纸；漏斗；表面皿：直径 6 cm；烧杯（高型）：容量 100 mL；恒温水浴锅：控温精度±2℃。

（4）测定方法　GB 5009.4—2016。

用 25 mL，10%盐酸溶液将总灰分分次洗入 100 mL 烧杯中，盖上表面皿，在沸水浴上小心加热，至溶液由浑浊变为透明时，继续加热 5 min，趁热用无灰滤纸过滤，用沸蒸馏水少量反复洗涤烧杯和滤纸上的残留物，直至中性（约 150 mL）。将滤纸连同残渣移入原坩埚内，在沸水浴上小心蒸去水分，移入高温炉内，以（550±25）℃灼烧至无炭粒（一般需 1 h）。待炉温降至200℃时，取出坩埚，放入干燥器内，冷却至室温，称重（准确至0.000 1 g）。再放入高温炉内，以（550±25）℃灼烧 30 min，如前冷却并称重。如此重复操作，直至连续两次称重之差不超过0.5 mg 为止，记下最低质量。

（5）结果计算　以干物质计。

酸不溶性灰分的含量如下：

$$X_1 = \frac{m_1 - m_2}{(m_3 - m_2) \times \omega} \times 100$$

式中：X_1—酸不溶性灰分的含量，g/100 g；m_1—坩埚和酸不溶性灰分的质量，g；m_2—坩埚的质量，g；m_3—坩埚和试样的质量，g；ω—试样干物质含量（质量分数），%；100—单位换算系数。

（三）水浸出物检验

茶叶中能溶于热水的可溶性物质，统称为茶叶水浸出物。水浸出物的多少，与茶叶品质呈正相关。它与鲜叶的老嫩、茶树品种、栽培条件、制茶技术以及冲泡水量、时间等均有密切关系。

茶叶在出口时,其水浸出物含量,一般将在贸易合同中做出规定。

水浸出物的检验主要有全量法和差数法,它们又分别叫作直接测定法和间接测定法。原国际标准、国家标准及出口商检标准都采用全量法,现行的国际标准及国家标准已修改为差数法。

1. 原理

用沸水回流提取茶叶中的水可溶性物质,再取经过滤、冲洗、干燥称量浸提后的茶渣,计算水浸出物含量

2. 仪器和用具

①鼓风电热恒溢干燥箱:温控(120±2)℃。

②沸水浴。

③布氏漏斗连同减压抽滤装置。

④铝质或玻质烘皿:具盖,内径 75～80 mm。

⑤干燥器:内盛有效干燥剂。

⑥分析天平:感量 0.001 g。

⑦锥形瓶:500 mL。

⑧磨碎机:由不吸收水分的材料制成;死角尽可能小,易于清扫;内装孔径为 3 mm 的筛子。

3. 试样制备

先用磨碎机将少量试样磨碎,弃去,再磨碎其余部分。

4. 烘皿准备

将烘皿连同 15 cm 定性快速滤纸置于(120±2)℃的恒温干燥箱内,皿盖打开斜至皿边,烘干 1 h,加盖取出,在干燥器内冷却至室温,称量(准确至 0.001 g)。

5. 测定步骤

称取 2 g(准确至 0.001 g)磨碎试样于 500 mL 锥形瓶中,加沸蒸馏水 300 mL,立即移入沸水浴中浸提 45 min(每隔 10 min 摇动 1 次)。浸提完毕后立即趁热减压过滤(用经过处理的滤纸),用约 150 mL 沸蒸馏水洗涤茶渣数次,将茶渣连同

已知质量的滤纸移入烘皿内，然后移入（120±2）℃的恒温干燥箱内，皿盖打开斜至皿边，烘干 1 h，加盖取出，冷却 1 h 后再烘 1 h，立即移入干燥器内冷却至室温，称量。

6.计算结果

茶叶中水浸出物含量以干态质量分数（％）表示，按下式计算：

$$水浸出物含量 = \left(1 - \frac{m_1}{m_0 \times \omega}\right) \times 100\%$$

式中：m_0—试样质量，g；m_1—干燥后的茶渣质量，g；ω—试样干物质含量（质量分数），％。

（四）茶多酚检测

1.原理

茶叶脚碎样中的茶多酚用 70％的甲醇在 70℃水浴上提取，福林酚（Folin-Ciocaltcu）试剂氧化茶多酚中—OH 基团并显示蓝色，最大吸收波长 λ 为 765 nm，用没食子酸作校正标准定量茶多酚。

2.仪器

①分析天平：感量 0.001 g。

②水浴：（70±1）℃。

③离心机：转速 3 500 r/min。

④分光光度计。

3.试剂

本标准所用水均为重蒸馏水，除特殊规定外，所用试剂为分析纯。

①乙腈：色谱纯。

②甲醇。

③碳酸钠（Na_2CO_3）。

④甲醇水溶液（体积比）：7∶3。

⑤福林酚（Folin-Ciocaltcu）试剂。

⑥10％福林酚（Folin-Ciocaltcu）试剂（现配）：将 20 mL 福

林酚(Folin-Ciocaltcu)试剂转移到 200 mL 容量瓶中,用水定容并摇匀。

⑦7.5%(Na_2CO_3)(质量浓度):称取(37.50 ± 0.01)g Na_2CO_3,加适量水溶解,转移至 500 mL 容量瓶中,定容至刻度,摇匀(室温下可保存 1 个月)。

⑧没食子酸标准储备溶液(1 000 μg/mL),称取(0.110 ± 0.001)g 没食子酸(GA,相对分子质量 188.14),于 100 mL 容量瓶中溶解并定容至刻度,摇匀(现配)。

⑨没食子酸工作液:用移液管分别移取 1.0 mL,2.0 mL,3.0 mL,4.0 mL,5.0 mL 的没食子酸标准储备溶液于 100 mL 容量瓶中,分别用水定容至刻度,摇匀,浓度分别为 10 μg/mL,20 μg/mL,30 μg/mL,40 μg/mL,50 μg/mL。

4.操作方法

(1)供试液的测备

①母液:称取 0.2 g(精确至 0.000 1 g)均匀磨碎的试样于 10 mL 离心管中,加入在 70℃中预热过的 70%甲醇溶液 5 mL,用玻璃棒充分搅拌均匀湿润,立即移入 70℃ 水浴中,浸提 10 min(隔 5 min 搅拌一次),浸提后冷却至室温,转入离心机在 3 500 r/min 转速下离心 10 min,将上清液转移 10 mL,摇匀,过 0.45 μm 膜,待用(该提取液在 4℃下可至多保存 24 h)。

②测试液:移取母液 1.0 mL 于 100 mL 容量瓶中,用水定量至刻度,摇匀,待测。

(2)测定

①用移液管分别移取没食子酸工作液、水(作空白对照用)及测试液各 1.0 mL 于刻度试管内,在每个试管内分别加入 5.0 mL 的福林酚(Folin-Ciocalteu)试剂,摇匀。反应 3～8 min 内,加入 4.0 mL 7.5%Na_2CO_3 溶液,加水定容至刻度、摇匀。室温下放置 160 min。用 10 mm 比色皿、在 765 nm 波长条件下用分光光度计测定吸光度(A)。

②根据没食子酸工作液的吸光度(A)与各工作溶液的没食子酸浓度,制作标准曲线。

5.计算结果

比较试样和标准工作液的吸光度,按下式计算:

$$茶多酚含量 = \frac{A \times V \times d}{SLOPE_{std} \times m \times 10^6 \times m_1} \times 100\%$$

式中:A—样品测试液吸光度;V—样品提取液体积,10 mL;d—稀释因子(通常为 1 mL 稀释成 100 mL,则其稀释因子为 100);$SLOPE_{std}$—没食子酸标准曲线的斜率;m—样品干物质含量,%;m_1—样品质量,g。

(五)咖啡碱检验

咖啡碱是茶叶中重要的含氮化合物,是成品茶重要的品质成分和药理成分,咖啡碱的测定方法有很多种,现行国际标准用高效液相色谱法,国家标准则同时采纳高效液相色谱法和紫外分光光度法,把前者作为第一法,后者作为第二法,以满足不同的需要。

1.高效液相色谱法

(1)测定原理 茶叶中的咖啡碱经沸水和氧化镁混合提取后,经高效液相色谱仪、C_{18}分离柱、紫外检测器检测,与标准系列比较定量。

(2)主要仪器

①高效液相色谱仪:具有紫外检测器;

②分析柱:C_{18}(ODS柱);

④分析天平:感量 0.000 1 g。

(3)试剂配制 除特殊规定外,试剂均使用分析纯。

①氧化镁:重质,分析纯。

②甲醇:色谱纯。

③高效液相色谱流动相:取 600 mL 甲醇倒入 1 400 mL 蒸馏水,混匀,过 0.45 μm 膜。

④咖啡碱标准液:称取 125 mg 咖啡碱(纯度不低于 99%)加乙醇,水(1:4)溶解,定容至 250 mL,摇匀,标准储备液 1 mL中相当于含 0.5 mg 咖啡碱,吸取 1.0 mL,2.0 mL,5.0 mL,

10.0 mL 上述标准储备液,分别加水定容至 50 mL 作为系列标准工作液,每 1 mL 该系列标准工作液中,分别相当于含 10 μg, 20 μg,50 μg,100 μg 咖啡碱。

(4)测定方法

①试液制备:称取 1.0 g(准确至 0.000 1 g)磨碎茶样或 0.5 g 固态速溶茶(准确至 0.000 1 g),置于 500 mL 烧瓶中,加 4.5 g 氧化镁及 300 mL 沸水,于沸水浴中加热,浸提 20 min(每隔 5 min 摇动 1 次),浸提完毕后立即趁热减压过滤,滤液移入 500 mL 容量瓶中,冷却后,用水定容至刻度,混匀。取一部分试液,通过 0.45 μm 滤膜过滤,待测。

②色谱条件如下。

检侧波长:紫外检测器,波长 280 nm;流动相;流速:0.5～1.5 mL/min;柱温:40℃;进样量:10～20 μL。

③测定:准确吸取制备液 10～20 μL,注入高效液相色谱仪,用标准咖啡碱工作液制作标准曲线,进行色谱测定。

(5)结果计算:茶叶中咖啡碱的含量以干态质量百分率表示,按下式计算。

$$咖啡碱含量 = \frac{c_1 \times V_1}{m \times \omega \times 10^6} \times 100\%$$

式中:c_1—根据标准曲线上计算得出的测定液中咖啡碱浓度,$\mu g/mL$;V_1—样品总体积,mL;m—试样的质量,g;ω—试样干物质含量(质量分数),%。

2. 紫外分光光度法

(1)测定原理　茶叶中的咖啡碱易溶于水,除去干扰物质后,用特定波长测定其含量。

(2)主要仪器　紫外分光光度计;分析天平,感量 0.000 1 g。

(3)试剂和溶液

①除非另有说明,本方法所用试剂均为分析纯(AR),水为蒸馏水。

②碱式乙酸铅溶液:称取 50 g 碱式乙酸铅,加水 100 mL,静置过夜,倾出上清液过滤。

③0.01 mol/L 盐酸溶液：取 0.9 mL 浓盐酸，用水稀释至 1 L，摇匀。

④4.5 mol/L 硫酸溶液：取浓硫酸 250 mL，用水稀释至 1 L，摇匀。

⑤咖啡碱标准液：称取 100 mg 咖啡碱（纯度不低于 99%）溶于 100 mL 水中，作为母液。准确吸取 5 mL，加水至 100 mL 作为工作液（1 mL 含咖啡碱 0.05 mg）。

（4）测定方法

①试液制备：称取 3 g（准确至 0.001 g）磨碎试样于 500 mL 锥形瓶中，加沸蒸馏水 450 mL，立即移入沸水浴中，浸提 45 min（每隔 10 min 摇动 1 次），浸提完毕后立即趁热减压过滤，残渣用少量热蒸馏水洗涤 2～3 次。将滤液转入 500 mL 容量瓶中，冷却后用水定容至刻度，摇匀。

②测定：用移液管准确吸取 10 mL 试液至 100 mL 容量瓶中，加入 4 mL 0.01 mol/L 盐酸和 1 mL 碱式乙酸铅溶液，用水定容至刻度，混匀，静置澄清过滤。准确吸取滤液 25 mL，注入 50 mL 容量瓶中，加入 0.1 mL 4.5 mol/L 硫酸溶液，加水稀释至刻度，混匀，静置澄清过滤。用 10 mm 石英比色杯，在波长 274 nm 处以试剂空白溶液作参比，测定吸光度（A）。

③咖啡碱标准曲线的制作：分别吸取 0.0 mL，1.0 mL，2.0 mL，3.0 mL，4.0 mL，5.0 mL，6.0 mL 咖啡碱工作液于一组 25 mL 容量瓶中，各加入 1.0 mL 盐酸，用水稀释至刻度，混匀，用 10 mm 石英比色杯，在波长 274 nm 处，以试剂空白溶液作参比，测定吸光度（A），将测得的吸光度与对应的咖啡碱浓度绘制标准曲线。

（5）结果计算　茶中咖啡碱含量以干态质量百分率表示，按下式计算。

$$咖啡碱含量 = \frac{C_2 \times V_2 / 1\,000 \times 100/10 \times 50/25}{m \times \omega} \times 100\%$$

式中：C_2—根据试样测得的吸光度（A），从咖啡碱标准曲线上查得的咖啡碱相应含量，mg/mL；V_2—试液总量，mL；m—试样用量,g;ω—试样干物质含量(质量分数),%。

二、一般化学检验

(一)茶黄素和茶红素检验

茶黄素和茶红素的含量及其比值大小都与红茶品质有密切的关系,它们是构成红茶汤色与滋味的重要成分。通常采用分光光度检验茶叶中的茶黄素和茶红素含量,此外还可用高效液相色谱法检验茶黄素。

1.分光光度法

(1)试剂及仪器　①乙酸乙酯(AR);②95%乙醇(AR);③2.5%碳酸氢钠(NaHCO₃)溶液;④草酸(AR)饱和溶液;⑤分光光度计;⑥水浴锅。

(2)测定步骤

①试液制备:准确称取茶样 3 g,置于 250 mL 锥形瓶中,加沸水 125 mL,在沸水浴上提取 10 min,提取过程中摇瓶 1～2 次,趁热用脱脂棉过滤,迅速冷却至室温。

②分离。

a.取 30 mL 试液放在 60 mL 筒形漏斗中,加入 30 mL 乙酸乙酯,振摇 5 min,静置分层后分别放出下层的水层和上层的乙酸乙酯层。茶黄素和部分茶红素(SI 型茶红素)溶于酯层,而大部茶红素和茶褐素仍留在水溶液中。

b.吸取乙酸乙酯液 2 mL,放在 25 mL 的容量瓶中,加入 95%乙醇稀释至刻度(A 溶液)。

c.吸取乙酸乙酯液 15 mL,放在 30 mL 筒形分液漏斗中,加入 15 mL 2.5%碳酸氢钠溶液,振摇 30 s,静置分层后,原溶于酯层的茶红素部分即被碳酸氢钠溶液洗出来,留在醇层中的便是茶黄素。弃去下层的碳酸氢钠溶液。吸取乙酸乙酯液 4 mL 放在 25 mL 容量瓶中,加 95%乙醇稀释至刻度(C 溶液)。

d.吸取第一次水层溶液 2 mL,放在 25 mL 容量瓶中,加入 2 mL 饱和草酸溶液和 6 mL 水,再加入 95%乙醇稀释至刻度(D

溶液）。

e. 取试液 15 mL,放在 30 mL 筒形分液漏斗中,加入 15 mL 正丁醇,振摇 3 min,静置分层。茶黄素和茶红素均溶于上层的正丁醇中,茶褐素不溶于正丁醇而被留在下层的水溶液中。放出下层水溶液,吸取水溶液 2 mL,放在 25 mL 容量瓶中,加入 2 mL 饱和草酸溶液和 6 mL 水,再加 95% 乙醇稀释至刻度(B 溶液)。

③比色:用 721 型分光光度计或其他分光光度计,以 95% 乙醇做参比,用 1 cm 比色皿于 380 nm 处分别测定各溶液的光密度 E_A、E_B、E_C、E_D。

(3)结果计算

$$茶黄素含量 = \frac{E_C \times 2.25}{1 - 样品含水率(\%)}$$

$$茶红素含量 = \frac{(2E_A + 2E_D - E_C - 2E_B) \times 7.06}{1 - 样品含水率(\%)}$$

$$茶褐素含量 = \frac{2E_B \times 7.06}{1 - 样品含水率(\%)}$$

上述公式中 2.25、7.06 均为在此操作条件下的换算系数。

2. 高效液相色谱法

(1)试剂与仪器　①乙酸乙酯(AR);②0.05 mol/L Tris-HCl 缓冲液(pH 8.0)吸取 50 mL 0.1 mol/L 三羟甲基氨基烷 (Tris)溶液与 0.1 mol/L 盐酸 29.2 mL 混匀后,加水稀释定容到 100 mL;③2% 乙酸(AR)溶液;④乙腈(色谱纯);⑤高效液相色谱仪(HPLC);⑥旋转蒸发器。

(2)测定步骤

①试液制备。

a. 称取 4 g 茶样,加入 100 mL 沸水,在 80℃ 水浴上浸提 10 min,浸提中加以搅拌。浸提完毕,立即趁热用脱脂棉过滤,滤液供 HPLC 分析。

b. 称取茶样 4 g,加 200 mL 沸水,于沸水浴上搅拌、浸提 10 min。浸提完毕,立即用脱脂棉过滤,滤液迅速冷却至室温。

取滤液 100 mL,加等体积乙酸乙酯振摇萃取 3 min。酯层用 100 mL 0.05 mol/L Tris-HCl 缓冲液洗 30 s,静置分层后弃去水层。酯层置于旋转蒸发器中减压蒸干。蒸干的残留物质溶于流动相中,定容后经 0.45 μL 滤膜过滤后供 HPLC 分析。

②茶黄素标准工作液:准确称取一定量的茶黄素(TF)、茶黄素-3-单没食子酸酯(TF-3G)、茶黄素-3,3'-双没食子酸酯(TF-3,3'DG),分别溶解于流动相中,配制成不同浓度的标准工作液,供 HPLC 分析。

(3)测定　HPLC 测定条件:5 μm Hypersil ODS 柱(25 cm×0.46 cm);流动相 A 为 2%乙酸,B 为乙腈,梯度为 92%A 至 69%A,50 min;流速 1.5 mL/min;检测波长 380 nm、460 nm;进样量 10～20 μL。

将处理好的试液、各茶黄素组分标准工作液分别进行 HPLC 分析。此分析条件下,TF、TF-3G 及 TF-3,3'DG 的出峰保留时间分别在 36 min、39 min、40 min 左右。

以各茶黄素组分标准工作液的浓度对应峰面积,绘制标准曲线图。

(4)计算　根据试液 HPLC 分析图谱中的出峰保留时间,可定性 TF、TF-3G、TF-3,3'DG。再依照标准曲线,由各组分的峰面积求出相应组分的含量,最后换算出试样的茶黄素含量。

(二)粗纤维检验

茶叶粗纤维通常指的是以纤维素为主及少量的半纤维素和木质素。茶叶中粗纤维含量随叶子老嫩而变化,茶叶愈嫩,粗纤维含量愈低,一般含量在 7%～12%。目前国内外检验粗纤维含量的方法及国家标准 GB/T 8310—2013 均以重量法为主。现将重量法介绍如下。

(1)试剂及仪器

①1.25%硫酸(AR)溶液。

②1.25%氢氧化钠(AR)溶液。

③1%盐酸(AR)溶液。

④95%乙醇(AR)溶液。

⑤乙醚（AR）。

⑥石棉坩埚。

⑦高温炉。

（2）测定步骤

酸消化：称取磨碎样 2.5 g（精确至 0.001 g）于 400 mL 烧杯中，加入热的 1.25% 硫酸溶液 200 mL，放在电炉上准确微沸 30 min，并随时补加热蒸馏水以保持原溶液体积。移去热源，加水 100 mL，用吸滤漏斗减压抽滤至干，反复用水洗涤烧杯中的残留物，直至中性（每次用水 300 mL，3～5 次）。

碱消化：用热的 1.25% 氢氧化钠溶液 200 mL，将漏斗上黏着的残留物全部冲洗至原烧杯中，放在电炉上煮沸 30 min（保持微沸），立即倒入石棉坩埚中，减压抽滤，用沸水洗涤残留物多次，接着用 1% 盐酸溶液 30 mL 洗一次，再用沸水洗涤至中性，最后依次用 95% 乙醇 30 mL，乙醚 30 mL 分次洗涤残留物，并抽滤至干。

干燥：将坩埚及残留物移入干燥箱中，打开坩埚盖，在 120℃烘 4 h 后，放在干燥器中冷却、称量（准确至 0.001 g）。

灰化：将已称量的坩埚放入高温电炉中，（525±25）℃灰化 2 h，降温至 300℃左右，移入干燥器中冷却至室温后称量。

（3）结果计算

茶叶中粗纤维含量以干态质量百分率表示，按下式计算：

$$粗纤维含量 = \frac{M_1 - M_2}{M_0 \times m} \times 100\%$$

式中：M_0—试样质量，g；M_1—灰化前坩埚及粗纤维质量，g；M_2—灰化后坩锅及粗纤维质量，g；m—试样干物质含量百分率，%。

第三节　茶叶农药残留检验

目前，我国茶园中常用农药，按其性质大体分为有机磷、有机氯、拟除虫菊酯以及氨基甲酚酯等 4 个大类。

有机磷农药大多数属磷酸酯类或硫代磷酸酯类化合物。其中以肝脏含量最大。有机磷农药常用的有辛硫磷、杀螟硫磷、马拉硫磷、敌百虫、敌敌畏、毒死蜱、亚胺硫磷等。

有机氯农药主要指有机氯杀虫（螨）剂，有六六六（α-666、β-666、γ-666、δ-666）、滴滴涕（p,p′-DDD、p,p′-DDE、p,p′-DDT、o,p′-DDT）、硫丹和三氯杀螨醇等。有机氯农药一般化学性质稳定，难降解，残留期长；脂溶性大，具生物蓄积性、高毒性。20世纪70年代后，有机氯杀虫剂相继被限用或禁用，目前只有硫丹还允许在茶叶生产中应用。

拟除虫菊酯类农药是一类结构或生物活性类似天然除虫菊酯的仿生合成杀虫剂，具有高效、广谱、对哺乳动物相对低毒、低残留等特点，是我国广泛使用的杀虫剂。国内常用的品种有溴氧菊酯、氯氰菊酯、联苯菊酯、功夫菊酯、氯氟氰菊酯等。

一、茶叶中有机磷及氨基甲酸酯农药残留量的测定

茶叶中有机磷和氨基甲酸酯类农药残留量的分析方法是指同时测定茶叶中常见的敌敌畏、甲胺磷、乙酰甲胺磷、乐果、敌百虫、氧化乐果、甲基对硫磷、毒死蜱、杀螟硫磷、喹硫磷、杀扑磷、乙硫磷、三唑磷等13种有机磷及速灭威、异丙威、仲丁威、甲萘威等4种氨基甲酸酯农药残留量的分析方法。

（1）原理　样品中有机磷及氨基甲酸酯农药经提取，净化，用气相色谱检测，根据色谱峰的保留时间定性，用外标法定量。

（2）检测流程　有机溶剂提取—净化—进样—氮磷检测器（NPD）检测—结果计算。

（3）相关检测标准　GB/T 5009.20—2003《食品中有机磷农药残留量测定》；GB/T 5009.145—2003《植物性食品中有机磷和氨基甲酸酯类农药多种残留的测定》；GB/T 5009.102—2003《植物性食品中辛硫磷农药残留量的测定》；GB/T 5009.103—2003《植物性食品中甲胺磷和乙酰甲胺磷农药残留量的测定》；SN/T 2560—2010《进出口食品中氨基甲酸酯类农药残留

量的测定　液相色谱-质谱/质谱法》；NY/T 761—2008《蔬菜和水果中有机磷、有机氯、拟除虫菊酯和氨基甲酸酯类农药多残留的测定》。

二、茶叶中有机氯农药残留量的测定

（1）原理　有机氯农药残留量的测定方法有很多，主要为色谱法，建立在吸附、溶解、离子交换、分子间亲和力或分子大小等差异基础上，利用被分离组分在固定相和流动相间连续多次的传质过程对农药进行萃取、净化和分离，常用的有气相色谱、高效液相色谱等分离体系，需要适宜的检测器与之配合。

有机氯农药残留分析测定最常用的方法有毛细柱气相色谱法和气-质联用法。

电子捕获检测器是最常用的有机氯农药残留量分析的气相色谱检测器，它是一种选择性很强的检测器，只对含有电负性元素的组分产生响应，适于分析含有卤素、氮等元素的物质，其灵敏度高、选择性好。气-质联用法在毛细柱气相色谱上联用最通用的检测器是质谱检测器，不仅根据样品中待测组分在色谱峰的保留时间，更根据在此保留时间内残留农药裂解的特征离子碎片，由质谱仪按其分子量和分子结构对农药准确定性，并以此作为定量的依据。

（2）检测流程　有机氯农药残留量测定根据农药种类、样品基质和测定仪器的不同，各个步骤的复杂性有所不同。各种进样方式，如分流、不分流、冷柱上进样技术和程序升温汽化进样技术都已应用于有机氯农药残留量分析，检测流程如下所示。

（3）相关检测标准　GB/T 5009.146—2008《植物性食品中有机氯和拟除虫菊酯类农药多种残留量的测定》；SN 0497—1995《出口茶叶中多种有机氯农药残留量检验方法》。

三、茶叶中拟除虫菊酯类农药残留量的测定

（1）原理　同有机氯农药。
（2）检测流程　同有机氯农药。

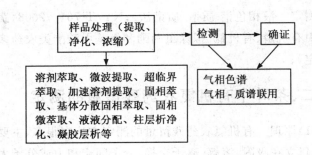

(3)相关检测标准　GB/T 5009.106—2003《植物性食品中二氯苯醚菊酯残留量的测定》；GB/T 5009.110—2003《植物性食品中氯氰菊酯、氰戊菊酯和溴氰菊酯残留量的测定》；GB/T 5009.146—2008《植物性食品中有机氯和拟除虫菊酯类农药多种残留量的测定》；SN/T 1117—2008《进出口食品中多种菊酯类农药残留量测定方法　气相色谱法》。

四、多菌灵、百菌清等农药残留量的测定

（1）多菌灵　利用多菌灵农药的光谱特性，直接用分光光度计测定吸光度进行定量。检测流程为：二氯甲烷提取—调pH—比色—结果计算。

（2）百菌清　用酸性丙酮提取样品中百菌清农药，以醚萃取，再用弗罗里硅土层析柱净化，用气相色谱法测定百菌清。与3-甲基-1-P-甲苯三氮烯甲基化反应，酸性氧化铝柱层析净化后，气相色谱法测定4-羟基百菌清。检测流程为：提取—净化—气相色谱电子捕获检测器（ECD）—结果计算。

（3）相关检测标准　GB/T 5009.105—2003《黄瓜中百菌清残留量的测定》；GB/T 5009.188—2003《蔬菜、水果中甲基托布津、多菌灵的测定》。

五、多残留检测

多残留检测指在一次分析中能够同时待测样品中多种农药，同时进行提取、净化、定性和定量分析。

相关检测标准：GB/T 23204—2008《茶叶中 519 种农药及相关化学品残留量的测定　气相色谱-质谱法》；GB 23200.13—2016《食品安全国家标准　茶叶中 448 种农药及相关化学品残留量的测定　液相色谱-质谱法》（2017-6-18 实施）。

第四节　重金属检验

一、茶叶中的重金属

茶叶中铜、铅的来源除了土壤中吸收外，另一个就是来自化肥、农药以及生产加工的污染。如果过多摄入铜盐也会引起身体的中毒。长期摄入含铅的食品，人体会引起积蓄中毒，严重的会造成人体神经系统、造血系统、肾脏等器官的损伤。

镉元素在自然界是比较稀有的元素。正常情况下茶园土壤中镉的含量极其微量，如果受到工业"三废"污染，以及遇到镉煤、燃料油和废弃物的燃烧，可以使空气遭到镉污染，从而也能危及茶园生态环境安全。如果摄入镉污染的食品，可导致急、慢性中毒，1987 年国际抗癌联盟（UICC）将镉定为ⅡA 级致癌物，1993 年被修订为ⅠA 级致癌物。

汞的毒性与汞的化学存在形态、汞化合物的吸收性有很大关系，无机汞不容易吸收、毒性小，有机汞特别是烷基汞容易吸收、毒性大，会损害人体的健康。汞以各种化学形态污染空气、水质和土壤，从而导致对茶叶的污染。

砷元素在自然环境中极少，因其不溶于水故无毒，但极易氧化为剧毒的三氧化二砷（砒霜），砷的化合物在自然环境中广泛存在，对茶叶的污染常见的是含砷农药的使用，还有环境中砷的污染，以及工矿企业排出的工业"三废"污染。

铬的毒性与其存在价态有关，六价铬的毒性较强，为中等毒性物质，三价铬属低毒物质，六价铬有很强的致突变作用，已确认为致癌物，并能在体内蓄积。茶叶在加工、施用铬肥等途径中会受到污染。

稀土指的是元素周期表第Ⅲ类副族元素钪、钇及镧系元素的总称。其中钕对眼睛和黏膜有很强的刺激性,对皮肤有中度刺激性,吸入还可导致肺栓塞和肝损害。人吸入镧及其化合物烟尘可出现头痛和恶心等症状。高浓度铈的化合物对肝脏有毒性作用。

二、重金属的测定

1. 茶叶中铜、镉、铅、铬元素的测定

(1)原理 样品经马弗炉灰化或酸消解后,导入原子吸收分光光度计中,吸收一定波长的共振线,其吸收量与元素的含量成正比,与标准系列比较定量。

(2)检测流程 取样—马弗炉灰化或酸消解—酸溶解定容—上机测定计算结果。

(3)相关标准 GB/T 5009.12—2010《食品安全国家标准 食品中铅的测定》;GB/T 5009.123—2014《食品安全国家标准 食品中铬的测定》。

2. 茶叶中汞的检测

(1)原理及方法 汞蒸气对一定波长的共振线具有强烈的吸收作用,试样经过酸消解使汞转化为离子态,在强酸性介质中以氯化亚锡还原成元素汞,以干燥空气作为载体,将元素汞吹入汞测定仪,吸收的大小与汞原子蒸气浓度的关系符合比耳定律,与标准系列比较定量。

(2)相关标准 GB 5009.17—2014《食品安全国家标准 食品中总汞及有机汞的测定》。

3. 茶叶中砷的测定

(1)原理及方法 试样经消化后,以碘化钾、氯化亚锡将高价砷还原为三价砷,然后由锌粒和酸产生的新生态氢生成砷化氢与溴化汞试纸生成黄色至橙色的色斑,与标准砷斑比较定量。

(2)相关标准 GB 5009.11—2014《食品安全国家标准 食品中总砷及无机砷的测定》。

4. 茶叶中稀土元素的测定

（1）原理及方法　稀土元素与偶氮胂Ⅲ、偶氮胂 K 混合络合试剂、二苯胍络合物组成多元络合物，在 pH 3.3 时，用三波长方法于 $\lambda_1 = 680$ nm、$\lambda_2 = 660$ nm、$\lambda_3 = 640$ nm 波长处测出相应对光吸收值 A，按公式求出 $\Delta A = A_2 - \dfrac{A_1 + A_3}{2}$ 的值，并与对应的标准系列比较定量。

（2）相关标准　GB 5009.94—2012《食品安全国家标准植物性食品中稀土元素的测定》。

参 考 文 献

[1] 蒋建明.茶叶审评[M].北京:中国农业出版社,2012.

[2] 陈栋,凌彩金,卓敏.茶艺与茶叶审评实用技术[M].广州:广东科技出版社,2008.

[3] 王垚.茶叶审评与检验[M].北京:中国劳动社会保障出版社,2003.

[4] 施兆鹏.茶叶审评与检验[M].北京:中国农业出版社,2010.

[5] 董学友.茶叶检验与茶艺[M].北京:中国商业出版社,2004.

[6] 张星海.茶叶生产与加工技术[M].杭州:浙江工商大学出版社,2011.

[7] 鲁成银,于立强.茶叶 可可 咖啡质量检验[M].北京:中国计量出版社,2006.

[8] 杜维春.中国茶叶标准化发展研究[M].北京:中国农业出版社,2014.

[9] 农业部种植业管理司,全国农业技术推广服务中心,国家茶叶产业技术体系组.茶叶标准园生产技术[M].北京:中国农业出版社,2010.

[10] 沈培和,张育,陈洪德,等.茶叶审评指南[M].北京:中国农业大学出版社,1998.

[11] 全国茶叶标准化技术委员会.茶 水浸出物测定:GB/T 8305—2013[S].北京:中国标准出版社,2014.

[12] 全国茶叶标准化技术委员会.茶 取样:GB/T 8302—2013[S].北京:中国标准出版社,2014.